高校数学でわかるボルツマンの原理

熱力学と統計力学を理解しよう

竹内 淳 著

ブルーバックス

装幀／芦澤泰偉・児崎雅淑
カバーイラスト・もくじ／中山康子
本文図版／さくら工芸社

まえがき

　熱力学・統計力学は，私たちの生活の周りで大活躍しています。しかし，その活躍に気づいている人はほとんどいないでしょう。大活躍の一例は，エンジンです。ガソリンや軽油を使うエンジンは熱力学の賜物です。地球上で人類が用いる動力の大半がエンジンによってもたらされています。また，それに加えて電気とも関係があります。なぜなら，電気を生み出す発電機の中のタービンも熱力学の賜物だからです。それから，一見畑違いに見える化学とも関係しています。なぜなら化学反応には熱力学が関与しているからです。さらに，エレクトロニクスとも関係があります。なぜならエレクトロニクスを支える半導体素子の電子の振る舞いを理解するには，熱力学から発展した統計力学の助けを必要とするからです。「熱力学」は人間の五感で体感できる大きさの気体や固体などを主な対象にして，経験から学んだ法則をまとめたものです。それに対して，「統計力学」はミクロな分子や原子の運動を対象として組み上げられた物理学です。

　このように熱力学・統計力学は，物理学の一つの分野という枠を超えてあらゆる科学・工学分野と密接に関係しています。この熱力学と統計力学は，大学では2年生から3年生程度で学ぶのですが，大学生の理解度は高くないようです。「よくわからないまま式を暗記して単位はとったものの，あれっていったい何だった

んだろう?」になりがちです。

そこで,本書は学生たちが苦手にしがちなこの学問を高校レベルの数学で解説することを目的としました。数式のレベルは高校数学で間に合わせていますが,その内容はほぼ大学レベルを維持しています。

したがって本書は,熱力学や統計力学をのぞいてみたいという高校生のみなさんや,一般の読者のみなさんにもお役に立てることでしょう。

それでは,熱力学と統計力学の世界に足を踏み入れることにしましょう。あなたが,全体を読破して「あとがき」にたどり着いたとき,熱・統計力学の知識が,世界を眺める目を助けてくれることに気づくことでしょう。

もくじ

まえがき 3

第1章 天を目指す人々

気球に魅せられた科学者たち 12

気球を浮かせるものは何か? 15

簡単なシャルルの法則の実験 17

気体をミクロの視点で考える=気体分子運動論 19

シャルルの法則を気体分子運動論で理解する 20

ボイルの法則の気体分子運動論による理解 22

ボイルの法則とシャルルの法則の統合 24

アボガドロ 27

1molの気体,1molの液体 28

窒素による酸欠事故 29

熱気球と水素気球の浮力比べ 31

気球競争のその後 33

高空での気圧 35

パスカルとPa 43

ジェット旅客機の巡航高度 47

現代の気球の活躍 49

第2章 夢のエンジン

熱のやりとりとエンジン 52

ワットによる改良 55

熱機関 57

熱量とエネルギーの関係 58

熱力学の第1法則 63

気体の膨張による仕事 64

気体の内部エネルギーとは何か 66

ゲイリュサック・ジュールの自由膨張の実験 67

熱量と比熱 70

定積比熱と定圧比熱の関係 73

カルノー 75

等温過程 77

断熱過程 78

高空での気温と断熱過程の意外な関係 82

カルノーサイクル 85

カルノーサイクルでした仕事 89

体積 V_A, V_B, V_C, V_D の間の関係 92

カルノーサイクルの効率 92

様々なエンジンの効率 95

地球温暖化との闘い 96

可逆過程と不可逆過程 99

カルノーサイクルを逆回転したら? 100

第3章 エントロピーって何だ？

エントロピーの登場　105

エントロピーは増えたり減ったりする　107

エントロピー増大の法則　108

熱は熱いところから冷たいところへ流れる　109

熱力学の第2法則は二十面相　111

熱力学の番外法則　112

自由エネルギー　113

2つの系が接触したときの平衡状態の条件は？　116

総体積が一定の場合　117

化学ポテンシャル　118

大きな系の中に入った小さな系の向かう方向とは　122

自由エネルギー最小の原理　128

宇宙の熱的死　129

第4章 気体分子運動論——ミクロの世界で何が起こっているのか

エネルギー等分配の法則 132

気体の圧力 134

気体分子のエネルギー 136

ボルツマン定数 140

気体分子の平均のスピード 141

気体の比熱 142

固体の比熱 143

気体分子運動論の闘い 144

ブラウン運動 146

指数と対数 147

第5章

統計力学の世界へ

マクスウェル・ボルツマン分布 156

気体分子のエネルギー分布を考える 157

簡単のために数を減らして考えよう 159

最も起こりやすい分布を探す 166

ラグランジュの未定乗数法 169

分配関数 171

気体分子のエネルギー分布 173

$\beta = -1/k_B T$ の証明 175

気体分子の速度分布 178

マクスウェル・ボルツマン分布の対象 181

マクスウェル・ボルツマン分布に従わない粒子 183

フェルミ粒子とボース粒子の奇妙な性質 186

フェルミ・ディラック分布の性質 188

フェルミ分布をニュートン力学的粒子でたとえると 190

ボース・アインシュタイン凝縮 191

第6章 ボルツマンの原理──統計力学の中核へ

エベレストの3つの断崖　196

中心極限定理　204

ミクロカノニカル分布　208

付録

P–V図でのエントロピー　211

クラウジウスの不等式　212

あとがき　216

参考文献・参考資料　218

さくいん　219

第1章　天を目指す人々

■気球に魅せられた科学者たち

「大空を飛ぶこと」，それは人類が長い間，夢見ていたことでした。鳥のように自由に大空を飛びたいという思いは，また天に近づきたいという思いとも重なります。かつて人々は空を飛べませんでしたが，旅路で峠を越えるときなどに下界を眺めて，鳥の気分を夢想したことでしょう。その空を飛びたいという人類の夢を最初に実現したのは，熱気球でした。フランス革命（1789年）の6年ほど前のできごとです。

フランスの南部にアノネイという町がありますが，そこで製紙業を営むモンゴルフィエ家に兄弟がいました。兄のジョセフ（1740〜1810）と弟のジャック（1745〜1799）は，自宅にあった紙を使って袋を作り，そこに水素を入れて飛ばす実験を試みていました。水素を使うと確かに少し

モンゴルフィエ（弟　1745〜1799）

第 1 章 天を目指す人々

は浮かび上がりますが,すぐに水素は抜けてしまいます。彼らは袋の素材を工夫するとともに,水素以外の気体も試みました。

空気中で浮き上がるためには,空気より軽い気体が必要です。また,単に軽いだけでなく,できれば簡単かつ大量に手に入れられることが望まれます。やがて 2 人は「煙」が空気よりも軽いことに気づきました。ものを燃やすと煙が出ますが,煙は上に向かって昇っていきます。上昇するということは,空気より軽い証拠です。そこで彼らは,袋に煙を入れて実際に浮かばせることに成功しました。

人々の前で最初にデモンストレーションをしたのは,1783 年 6 月 4 日のことです。煙は水素と違って簡単に大量に作ることができるので,布で大きな気球を作り,内側には煙が逃げないように紙を貼りました。そして,気球の中に大量の煙を流し込みました。ふわりと浮かび上がった気球は,約 10 分間飛行し,2 km 離れたところに着地しました。

世間はこの熱気球の評判に沸き立ちました。フランス・アカデミーの科学者ジャック・シャルル(1746～1823)らはこの話を聞いて,煙ではなく水素を使う方がよいのではと考えました。問題は,大量の水素を作ることと,水素が逃げない気球を作ることです。水

熱気球実験の様子

13

シャルル（1746〜1823）

素は大量の屑鉄に硫酸を注いで作りました。また，気球の内側には気密性を高めるためにゴムを塗りました。こうしてできあがった水素気球は，8月27日にパリの空に浮かびました。気球は約1時間飛行し，上空1000mもの高度まで達した後，パリから24km以上離れたところに着地しました。飛行時間も距離も熱気球を大きく凌いでいました。

一方，モンゴルフィエ兄弟は，9月19日にルイ16世とマリー・アントワネットの前で熱気球のデモンストレーション飛行を行いました。このときは羊と家鴨と鶏を乗せた10分弱の飛行で3kmを飛びました。動物を乗せたのは有人飛行のための予備実験でもありました。それから約170年後に，ソビエト連邦がスプートニク2号に犬を乗せたのに似ています。熱気球と水素気球の競争は，後のアメリカとソ連の宇宙開発競争を彷彿とさせます。

人類最初の空中への浮上は，1783年10月15日の熱気球によるものでした。最初の乗員は2人で，浮上時間はわずかでした。11月21日には本格的な有人飛行に挑戦し，パリ中心部から郊外へ30分弱の飛行で9kmの距離を飛びました。人類はとうとう大空の飛行に成功したのです！

シャルルの水素気球も負けてはいませんでした。有人飛行は遅

れることわずか10日の12月1日のことでした。水素気球にはシャルル自身が乗りこみました。多数の見物人が見守る中，パリから飛び立った水素気球は40kmあまりも飛行しました。

■気球を浮かせるものは何か？

モンゴルフィエ兄弟は煙の中に空気より軽い何かのガスが含まれていると考えていました。しかし，シャルルは空気の体積は温度を上げると膨張し，温度を下げると収縮することに気づきました。暖められた空気は，膨張すると周りの空気より密度が小さくなって軽くなるので，気球の中に入れると浮力が生じたというわけです。したがって，気球の中の空気が周りの空気と同じ温度まで下がって密度が同じになると，もはや浮力は生じなくなります。

1787年，気球の実験の4年後にシャルルは精密な実験で，空気の体積（Volume）を V，摂氏温度を t とすると，

$$V = a(t + 273)$$

の関係があることを見つけました。a は比例係数です。

この関係をグラフに描いた一例が次の図1-1です。この式は中学校の数学で習う比例関係を表していて，この式を信じるならば，−273℃で気体の体積はゼロになってしまいます。シャルルが実際に測ることができた温度は常温の範囲内だけでしたが，グラフの直線の延長上に「−273℃」を発見しました。

シャルルの時代には，こんな低温まで冷やせる冷凍機はありませんでした。実際に空気をどんどん冷やしていくと，空気の主な

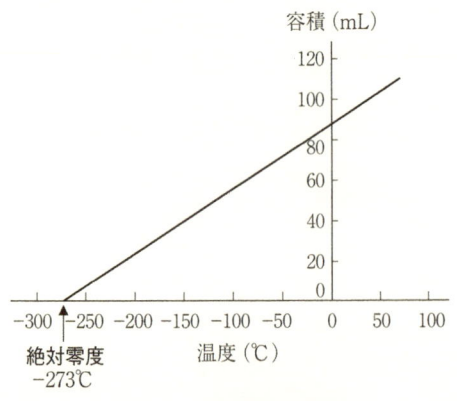

図1-1 絶対零度の発見

成分である窒素と酸素は、分子と分子の間の相互作用が働いて両方とも液体になるので、体積と温度の関係はこの式から外れます。しかし、どんなに温度を下げても液体にならない「理想的な気体」があるとすると、−273℃では、気体の体積はゼロになります。

この実験は、気体の体積が温度に比例するということを見つけた点と、**絶対零度**を見つけたという点で極めて重要です。−273℃はそれ以上温度を下げられない絶対零度（より正確には−273.15℃）です。この関係を**シャルルの法則**と呼びます。

温度を摂氏ではなく、絶対温度（Absolute Temperature）T に書き換えてみましょう。絶対温度の単位はK（ケルビン）で、摂氏温度との関係は、$T = t + 273$ です。これを使うとシャルルの法則は、

$$V = aT$$

になります。とても簡単で覚えやすい関係です。

その後 1802 年になって同じフランスのゲイリュサック（1778～1850）もこの法則を見つけたので、シャルルの法則は、ゲイリュサックの法則と呼ばれることもあります。

■簡単なシャルルの法則の実験

シャルルの法則の簡単な実験方法を紹介しましょう。必要なものは、容積のわかる縦長の透明の容器 a（筆者が買ったのは、目盛り付きの「醬油差し」）と、それより大きな透明の容器 b、そして温度計です。筆者はいずれも 100 円ショップで買いました。

実験では、容器 b に、水温 40℃程度（火傷をしない温度）の湯を入れます。次に、縦長の容器 a を空気が入るように下向きに沈めます。この後、水温と容器の中の空気の温度が同じになるまでしばらく待ちます。そして、容器 a の空気の容積の目盛りと温度計の目盛りを読み、ノートにつけます。

次に、容器 a の空気が抜けないように注意しながら、もっと低い水温の水に入れます。筆者は、容器 a を手で押さえたまま容器 b ごと蛇口の下に持っていき、水道水をゆっくり流しながら、湯を水に置換しました。このとき、先ほどの測定との温度差が大きい方が良いので、さらに冷凍庫の氷も入れました。あとは、水温と容器 a の中の空気の温度が同じになるまでしばらく待ち、容器 a の容積の目盛りと温度計の目盛りを読んで、ノートにと

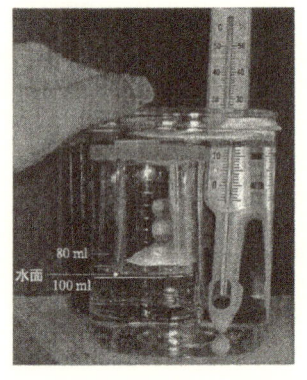
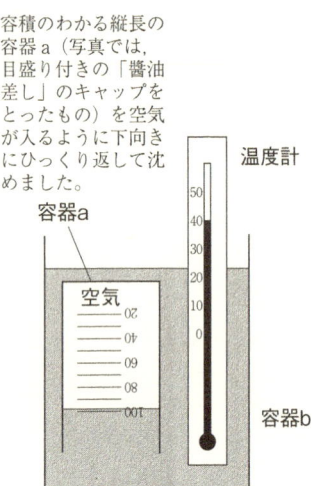

図 1-2　シャルルの法則の簡単な実験

ります（図 1-2）。

　この結果を、横軸に温度を縦軸に体積をとったグラフにプロットします。そして、この2つの点を直線で結びます（図 1-3）。この直線が横軸と交わるところを見てみましょう。その温度がこの実験が教える絶対零度です。いかがでしょう、本当の絶対零度の−273℃に近い値だったでしょうか。

　実験の精度を上げるためには、容器aの容積の目盛りが細かい方がよく、測定する温度も2つの温度だけではなく、もっと多くの温度で測った方が正確になります。ちなみに、筆者が得た絶対零度の実験結果は、−190℃でした。300円の実験にしてはほ

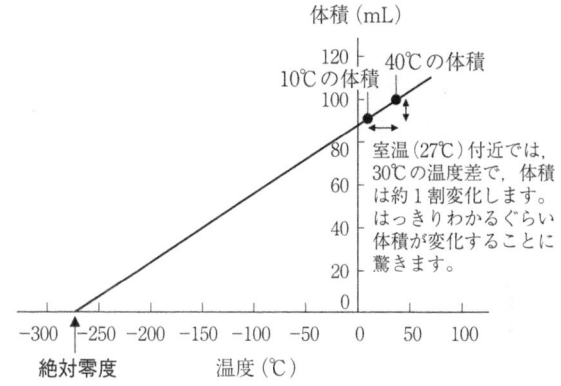

図1-3 実験の結果をグラフにしてみる

どほどに良い精度だと思います。

■気体をミクロの視点で考える＝気体分子運動論

熱力学で気体を扱う場合に，把握できる物理量は，**体積，圧力，温度**の3つです。この3つが重要であることは先ほどの熱気球を思い浮かべれば容易にわかります。気球の大きさ（＝内側の空気の体積）と熱気球内部の空気の温度が浮力を決める重要な要素になります。また，気球内部の空気の圧力が高まらなければ気球は膨らみません。

先ほどのシャルルの法則は，この3つのうち，体積と温度の間に比例関係があるというものでした。しかし，どうして比例関係があるのか，その理由はわかりませんでした。

この謎を解いたのは，スイスのベルヌーイ（1700〜1782）や電

ベルヌーイ (1700〜1782)

磁気学をまとめたイギリスのマクスウェル（1831〜1879）でした。ベルヌーイらは，気体が微小な分子の集団であると考えれば，気体の熱力学的な性質を説明できることに気づきました。気体を分子の集まりと見なす考えを発展させたのが，オーストリアのボルツマン（1844〜1906）です。しかし，当時は分子は空想上の産物に過ぎないと考える科学者も少なくなく，実験的には気体が分子からできているということを立証できていませんでした。

音速の研究で知られるオーストリアのマッハ（1838〜1916）は，「分子」という仮想の粒子を使うのはおかしいとボルツマンを攻撃しました。このためボルツマンはマッハらとの論争に多くのエネルギーを使いました。

このマクスウェルやボルツマンらによる「気体を分子の集団と考えて，その性質を理解する理論」を**気体分子運動論**と呼びます。ここでは，気体分子運動論に従って，シャルルの法則を考えてみましょう。

■シャルルの法則を気体分子運動論で理解する

シャルルの法則を気体分子運動論で理解するには，**温度が変わ**

ったときに**何が変化しているのか**を考える必要があります。

気体の温度が上がると、実は気体分子は大きな運動エネルギーを持ちます。力学で学んだように質量 m で速度 v の粒子の運動エネルギーは $E = mv^2/2$ です。分子の質量 m は温度にかかわらず一定なので、運動エネルギーが大きいというのはスピードが速いことを意味します。つまり、温度が高いほど気体分子は速いスピードで動き回っています。スピードが速いと、壁にぶつかったときの衝撃も大きくなります。これらの分子が壁にぶつかって跳ね返されるときの衝撃の和が圧力です。したがって、温度が高いほど圧力が高くなるのです。

温度が高い＝気体分子の運動エネルギーが大きい
　　　　　＝気体分子のスピードが速い
　　　　　＝壁にぶつかったときの衝撃（圧力）が強い

さらに、圧力が高いということは、1気圧の大気中では周りの空気を押しのけて膨張することを意味します。つまり、

「温度が高いほど体積が大きい」

ということになります。これが気体分子運動論に基づくシャルルの法則の直感的理解です。

もちろん読者のみなさんは、「では気体の温度と、気体分子の運動エネルギーの間はどのような関係式でつながっているのか」と新たな興味を持つことでしょう。この謎解きについては、本書の後半で見ることにします。

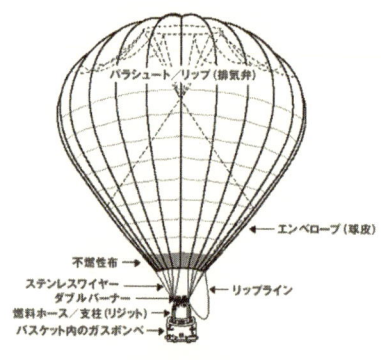

現代の熱気球
2008 佐賀インターナショナルバルーンフェスタ HP より

熱気球の話に戻ると、温度が高いと周りの空気に比べて少ない分子数で同じ圧力になります。したがって、周りの空気より軽くなります。これが熱気球の浮力の原因です。逆に、温度が下がると浮力を失うのが熱気球の欠点です。

■ボイルの法則の気体分子運動論による理解

シャルルの法則の前に明らかになっていた重要な法則があります。それは、シャルルの法則より100年以上前の1662年にイギリスのボイル（1627〜1691）によって明らかにされたもので、圧力（Pressure）Pと体積Vのかけ算が常に一定になるというものです。式で書くと

$$PV = 一定$$

というもので、これは温度が一定の場合に成り立っています。

これをイメージとしてとらえるために、注射器を考えてみましょう。ただし、針の穴はゴム栓などでふさいでおきます。このピストンを押し込んでいくと、圧力がだんだん強くなることを実感したことがある方は多いと思います。シリンダーに閉じ込められ

た空気の体積が小さくなるほど、押し込む力は強くする必要があります。体積が小さいほど圧力が強いという関係です（図1-4）。

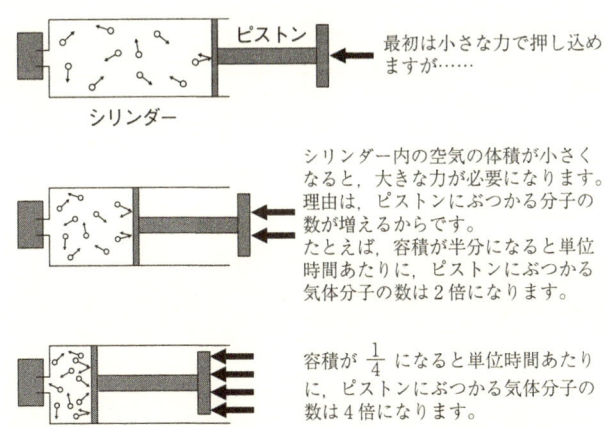

図1-4　先端をふさいだ注射器で、ボイルの法則を体験する

これが**ボイルの法則**の実体験ですが、これを気体分子運動論で考えてみましょう。実は意外と簡単です。図1-4を見てみましょう。気体の容積が2分の1になると、その中に含まれる単位体積あたりの気体分子の数も2倍になります。すると、ピストンに当たる分子の数も2倍になるでしょう。さらに、体積が4分の1になると、単位体積あたりの分子の数は4倍になります。したがって、ピストンに当たる分子の数も4倍になるでしょう。これが気体分子運動論に基づくボイルの法則の直感的な理解です。このように、「$PV=一定$」というボイルの法則は気体分子運動論を用

いると簡単に理解できます。

このボイルの法則で $V \to 0$ の極限を考えると $P \to \infty$ になります。これを信じるなら,先ほどの先端をふさいだ注射器は,無限に大きな力を出さないと最後まで押し込めないということになります。もちろん実際には,強い力で押し込めば最後まで押し込むことが可能です。しかし,これはピストンとシリンダーに隙間ができたか,先端とゴム栓の隙間から空気が逃げ出したためです。

■ボイルの法則とシャルルの法則の統合

次にこの2つの法則を統合しましょう。ボイルの法則

$$PV = \text{一定}$$

は温度を変えないという条件で成立していました。温度を変えるとどうなるかというと,シャルルの法則

$$V = aT$$

に従って,圧力一定のもとでは体積が変化します。

この2つの法則の統合は簡単で,次のように

$$PV = RT \qquad (1\text{-}1)$$

という式にすると,両方の関係を満たします。R は比例係数です。この式では,温度を変えない($T=$一定)ときには,右辺の RT は一定です。したがってボイルの法則($PV=$一定)を満たします。また,圧力一定($P=$一定)の条件で温度を変えると,

体積 V が温度 T に比例するので（$V=RT/P \propto T$），シャルルの法則を満たしていることがわかります。この統合した法則を**ボイル・シャルルの法則**と呼びます。

ボイル・シャルルの法則の比例係数 R を求めましょう。ただし，この比例係数は，何個の分子を対象にするかで変わってきます。たとえば，圧力と温度が同じ（一定）でも，分子数が2倍になると，体積は2倍になります。ですから，個数によって比例係数が変わります。そこで，分子の個数として

$$6.02 \times 10^{23} \text{個}$$

の集団を考えることにします。この数を**アボガドロ定数**と呼びます。一見，極めて中途半端な数字に見えると思いますが，これは実はき・り・の・よ・い・数字です。

読者のみなさんは原子量というのを覚えているでしょうか。たとえば水素の原子量は1で酸素は16という具合です。これは水素の質量を基準の「1」として，それ以外の原子の質量がこの「何」倍であるかを表す量です。酸素の原子量は16なので，水素の16倍の質量を持つことがわかります。

このアボガドロ定数がきりがよいというのは，アボガドロ定数の個数の水素の原子を集めると，ちょうど1g（グラム）になるからです。また，アボガドロ定数の個数の酸素原子を集めると，ちょうど16gになります。つまり，

アボガドロ定数個の原子の質量＝原子量（g）

というわけです。便利ですね。

水素や酸素は気体の状態では分子になっています。たとえば，水素は水素原子が 2 個結合して水素分子 H_2 になっています。また，酸素も酸素原子が 2 個結合して酸素分子 O_2 になっています。したがって，水素分子がアボガドロ定数個あるときの質量は，1 g+1 g で 2 g です。酸素分子がアボガドロ定数個あるときの質量は，16 g+16 g で 32 g になります。

アボガドロ定数個の分子があるときのボイル・シャルルの法則が $PV=RT$ です。では，その n 倍の分子数があるときはどのように書けるのでしょうか。答えは簡単で，分子数がアボガドロ定数の n 倍のときは R を n 倍すればよいので，

$$PV=nRT \qquad (1\text{-}2)$$

となります。これがアボガドロ定数の n 倍の分子があるときのボイル・シャルルの法則です。これは高校の物理や化学で習う関係です。この n は mol（モル）数と呼ばれます。6.02×10^{23} 個の気体分子は 1 mol の気体分子です。比例係数 R は気体定数と呼ばれ，実験から得られた値は

$$R=8.31 \text{ J}/(\text{mol}\cdot\text{K})$$

です。このボイル・シャルルの法則を表す式（1-2）を**気体の状態方程式**と呼びます。

通常の気体の場合，気体分子の相互作用があるので，完全にこの式に従うわけではありません。そこで，この式に従う理想的な

気体を**理想気体**と呼ぶことにします。理想気体には，1分子が1原子からなる単原子分子理想気体と，酸素分子のような1分子が2原子からなる二原子分子理想気体があります。本書では主に単原子分子理想気体を扱います。

■アボガドロ

アボガドロ定数に名を残したアボガドロ（1776〜1856）は，イタリア北部の町トリノの名家に生まれました。学校では法律を学び，卒業後は弁護士になりました。しかし，自然科学に興味を覚え，気体の研究を始めました。1809年にはヴェルチェッリ大学の物理学教授となり，1811年に**アボガドロの法則**を発表しました。

アボガドロ（1776〜1856）

アボガドロの法則とは，「圧力と温度が同じ場合には，ある体積中の気体分子の数は気体の種類にかかわらず同じである」というものです。気体の状態方程式（1-2）に戻ると，圧力 P，体積 V，温度 T が同じならば mol 数 n は気体の種類にかかわらず同じであるということを表しています。温度 0°C，1 気圧で，体積 22.4 L（リットル）の気体分子を集めると，気体の状態方程式が

示すように,気体の種類にかかわらず,分子数はちょうど1 mol＝6.02×10^{23}個になります。

このアボガドロ定数の大きさを把握している人は意外と少ないと思います。読者のみなさんはどれぐらいの数を思い浮かべるでしょうか。人口との比較で考えてみましょう。東京の人口より多いでしょうか。あるいは,日本の人口より多いでしょうか。それとも,地球の人口60億余と同じぐらいでしょうか？

実際に書いてみましょう。ゼロは23個も続きます。

$$6.02 \times 100,000,000,000,000,000,000,000$$

十垓 百京 千兆 兆 十億 百万 千

答えはなんと,地球上の人口60億よりはるかに多いのです。地球と同じぐらいの人口の星が100兆個（！）ぐらいないと6.02×10^{23}個にならないのです。ということで1 molの中の原子数はとてつもなく,大きな数字なのです。

アボガドロの法則は発表後すぐに受け入れられたわけではなく,その重要性が理解されたのは,アボガドロ没後の1860年代のことでした。

■1 molの気体,1 molの液体

1 molの気体分子の全質量は,「分子量g」であることを既に述べました。とすると,私たちの身近な水の分子が1 molあると,H_2Oの分子量にgの単位をつけた量になります。水素の原

子量は1で酸素の原子量は16なので，H_2O の分子量は18です。ですから，1 mol の水の質量は 18 g であることがわかります。そして，さらに小中学校のころの知識を思い出すと，水 1 g の体積は 4°C で 1 cm^3＝1 cc でした。したがって，1 mol の水の体積は 18 cm^3＝18 cc であることがわかります。

一方，1 mol の気体（水蒸気）の体積はいくらでしょうか。これは気体の状態方程式を使って計算するとわかります。1 mol の気体の 0°C での体積は 22.4 L なので，水が水蒸気に変わる 100°C（373 K）での体積は

$$V = \frac{373 \text{ K}}{273 \text{ K}} \times 22.4 \text{ L}$$
$$= 30.6 \text{ L}$$

となります。

したがって，4°C の水の体積と，100°C の水蒸気の体積の比は

$$30.6 \text{ L}/18 \text{ cc} = 30600/18 = 1700 \text{ 倍}$$

ということになります。つまり，液体から気体に変わると 1700 倍にも膨張するのです。気体と液体で体積が 3 桁違うことを覚えておくと，何かと便利です。

■ 窒素による酸欠事故

固体物理学の実験によく使われるものに，液体窒素があります。半導体などの試料（サンプル）の性質を調べる場合に，低温

にした方が熱の影響を受けないので，より本質的な性質が現れやすいからです。このとき試料を冷やすためによく使われるのが，液体窒素です。窒素が液体であるのは絶対温度の 77 K 以下で，これは －196°C というものすごい低温です。テレビなどで，バラの花やビニールのボールなどを液体窒素につけるとカチカチに凍ってしまい，それに力を加えると粉々に砕けてしまう映像を見たことがある方もいるでしょう。

この液体窒素を室温（300 K＝27°C を室温と呼びます）で使うと，すぐに気化してしまいます。液体から気体に変わると，先ほどの水蒸気の計算と同様に求めると，体積は約 700 倍にふくれあがることがわかります（液体窒素の密度 0.8 g/cm^3）。ですから，仮に 1 L の液体窒素が気化すると約 700 L になってしまいます。700 L は，縦横が各 1 m 奥行き 70 cm の立方体の体積と同じで，もしこの中に頭を突っ込んでしまったら，1 回呼吸をするだけで酸素が欠乏し，かなり高い確率で死に至ります。窒素による酸欠事故は研究者が常に気をつけないといけないもので，犠牲者の数は決して少なくはありません。液体窒素は必ず換気の良いところで使う必要があります。

窒素の原子量は 14 なので，窒素分子 N_2 の分子量 28 は空気の分子量 29 よりわずかに軽くなります。したがって，密閉した室内だと窒素ガスは天井から溜まり始め，床に向かって増えていきます。空気中の酸素の濃度は約 21％ですが，これが 18％ぐらいに下がると酸素欠乏症が発生します。

人間の脳の活動には大量の酸素を必要とします。酸素が足りな

くなると,脳の内部の延髄の呼吸中枢が反応して空気を肺に取り込むために反射的にあくびが起こります。酸素濃度が低いほどあくびは大きくなり,人間の意志では止めることが不可能になります。酸欠が起こりうる場所でもし誰かが倒れていた場合,決して飛び込んではいけないと言われているのはこのためです。酸欠の場所に飛び込むと1回呼吸するだけで酸素欠乏によって脳の活動が阻害され意識を失う可能性があります。また,あくびが起こるレベルの酸素濃度だったとしても,あくびをかみ殺すことができないため,酸素濃度の低い空気を大量に吸ってしまい,そこで倒れてしまう可能性が高くなります。このような,倒れている人を助けようとして巻き添えになる事故も後を絶ちません。酸欠の可能性のあるところで誰かが倒れていたら「飛び込まないで,まず,あらゆるドアや窓を開けて空気を入れ換える」必要があります。

■熱気球と水素気球の浮力比べ

　気体の状態方程式の知識を基にして,熱気球と水素気球の浮力を比べてみましょう。比べるためには,まず空気の分子量を知っておく必要があります。空気はさまざまな気体が混じっていますが,主な成分は体積比で78%を占める窒素と21%を占める酸素で,残り1%はほぼアルゴンです。窒素の分子量は28で,酸素の分子量は32,アルゴンの原子量は40なので,空気の分子量は

$$28\times0.78+32\times0.21+40\times0.01≒29$$

になります。

　一方，水素分子の分子量は 2 なので，水素は空気の 14.5 分の 1 の重さです。アボガドロの法則によると，同じ温度で同じ圧力であれば，気体の種類にかかわらず気体分子の数は同じです。したがって，水素気球を作ったとすると，その気球の容積の部分は空気に比べて 14.5 分の 1（6.9%）の質量しか持たないということになり，軽くなった 93.1% 分が浮力になります。

　次に，熱気球の場合を考えましょう。気温が 27℃（300 K）で気球の中の空気の温度をバーナーで 100℃（373 K）にまで加熱したとします。このとき，気体の状態方程式（あるいはシャルルの法則）を使うと暖める前と後では容積は 373/300 倍＝1.24 倍に大きくなることがわかります。これは 1 気圧で同じ体積を占める空気の 1.24 分の 1 の分子数になるということです（つまり，80.4% の質量です）。この軽くなった 19.6% が浮力として働くわけですが，先ほどの水素の場合と比べると，水素気球の浮力の方が圧倒的に大きい（93.1/19.6＝4.75 倍）ことがわかります。

　具体的に浮力を求めてみましょう。空気 1 m³ 分の質量を計算します。空気の温度は初夏の 27℃（300 K）であるとしましょう。このときの 1 mol の空気の体積は，シャルルの法則から

$$\frac{300 \text{ K}}{273 \text{ K}} \times 22.4 \text{ L} = 24.6 \text{ L}$$

です。したがって，空気 1 m³ は 1000/24.6＝40.7 mol です。

とすると，1 mol の質量は 29 g だったので，40.6 mol では，

$$40.6\,\mathrm{mol}\times 29\,\mathrm{g} \fallingdotseq 1177\,\mathrm{g} = 1.177\,\mathrm{kg}$$

であることがわかります。

体積 1 m³ の水素気球の浮力はこの 93.1％なので，

$$1.177\,\mathrm{kg}\times 0.931 = 1.096\,\mathrm{kg}$$

となり，1 m³ で浮力がほぼ 1.1 kg であるという簡単な関係が成り立っています。したがって，500 kg の荷物を空中に浮かせるためには，水素気球の大きさは約 460 m³ あればよいということになります。

熱気球の場合はどうかというと，浮力は 1.177 kg の 19.6％なので 0.231 kg です。したがって，500 kg の荷物を空中に浮かせるためには，熱気球の大きさは約 2200 m³ 必要であるということになります。

■気球競争のその後

2 種類の気球の争いは，やがて水素気球に軍配が上がりました。このように同じ大きさの気球を比べると，水素気球の浮力の方がはるかに大きかったのです。また，煙を入れた熱気球は，煙が冷えてくると浮力を失うという問題がありました。飛行距離はシャルルの水素気球が圧倒していたのです。やがて乗員を乗せた水素気球は，高度 3000 m にまで到達しました。

これで，完全に決着がついたかというと，水素気球がすべての

飛行船ヒンデンブルグ号の爆発

点で熱気球より優れていたわけではありませんでした。水素気球は一つ致命的な欠点を持っていました。それは,「水素が燃えやすい」ということです。このため水素気球は危険と隣り合わせでした。

　水素気球はその後,さらに改良されて,やがてエンジンとプロペラを装備した飛行船へと発展しました。1928年には飛行船による世界一周にも成功し,このときには日本にも立ち寄りました。やがては世界中の国と国を結ぶ飛行船が空を縦横無尽に飛び回る時代が来るかのように思われました。しかし1937年に,アメリカのニュージャージー州で水素を使った超大型飛行船ヒンデンブルグ号の爆発事故が起こりました。燃え上がる飛行船の衝撃の映像は世界中に広まり,飛行船は危険な乗り物であるというイメージを強く印象づけました。その結果,これ以後,水素を浮力に使った飛行船は使われなくなりました。

　一方,20世紀の半ばになって,プロパンガスのボンベとガスバーナーを組み合わせた新しい熱気球が発明されると,ガスバーナーによって容易に浮力が調節できることから,熱気球は復活をとげました。

■高空での気圧

　水素気球の到達高度はシャルルの時代に,早くも 3000 m にまで達するようになりました。これは富士山の高さに近い高度です。高度が上がると空気が薄くなって気圧が減少しますが,どのように気圧が変化するのか,気体の状態方程式を利用して計算してみましょう。

　この気圧の変化をどう考えればよいかは,フランスのパスカル（1623〜1662）が思いつきました。彼は,海の水圧と同じように気圧も考えればよいと気づいたのです。たとえば,海の中で最も深いところは太平洋のマリアナ海溝で水深は 1 万 m を超えます。この海底では,上に厚さ 1 万 m 分の海水の重量がかかっ

パスカル（1623〜1662）

ているので水圧がとても高くなっています。マリアナ海溝の海底から浮上するにつれて上に載っている海水の量は減っていき,水圧も低くなっていきます。そして,海面に達するともはや水圧はゼロとなり,あとは空気による 1 気圧がかかっているだけになります。気圧もこれと同じで,地表ではそこから上方に空気の厚い層の質量がのしかかっているので気圧が高いのです。高度が高くなっていくにつれて,上に載っている空気の量は減っていき,気

圧は下がるというわけです。

地表での面積が単位面積である図1-5のようなタワー状の空気を考えましょう。高さ z のところと，それより Δz だけ高い高さ $z+\Delta z$ のところの気圧を考えることにしましょう。この Δz は z よりかなり小さい量で，たとえば z が1000 mだったとすると，Δz は10 mぐらいの量を考えればよいでしょう。さて，高さ z の方が $z+\Delta z$ より少しだけ圧力 P が高くなります。なぜなら，z の上には Δz の厚さに含まれる空気の質量分だけ，$z+\Delta z$ より多くの荷重がかかっているからです。この Δz の厚さ分の圧力の増加を，ΔP と書くことにしましょう。

この高さ Δz 分の空気の体積は Δz×単位面積（単位面積＝1）なので，空気の密度を ρ とすると，その質量は $\rho \Delta z$ です。これ

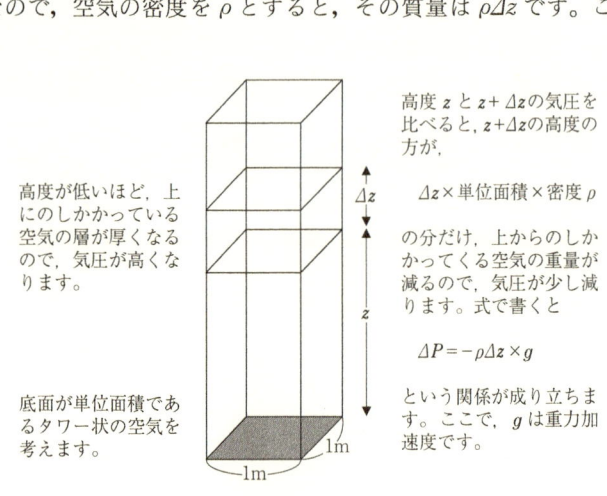

高度が低いほど，上にのしかかっている空気の層が厚くなるので，気圧が高くなります。

底面が単位面積であるタワー状の空気を考えます。

高度 z と $z+\Delta z$ の気圧を比べると，$z+\Delta z$ の高度の方が，

Δz×単位面積×密度 ρ

の分だけ，上からのしかかってくる空気の重量が減るので，気圧が少し減ります。式で書くと

$\Delta P = -\rho \Delta z \times g$

という関係が成り立ちます。ここで，g は重力加速度です。

図1-5　大気のタワーを考えてみる

に重力加速度 g（9.8 m/s²）がかかったものが重力となるので，

$$\Delta P = -\rho \Delta z \cdot g \qquad (1\text{-}3)$$

となります。マイナスが付いているのは，高さ z が高くなるほど圧力が減少するからです。これが気圧について考える基本的な関係式です。

ここで，密度 ρ を気体の状態方程式を使って書き換えましょう。気体の状態方程式から単位体積あたりの分子の mol 数 n/V は，$PV=nRT$ より

$$\frac{n}{V} = \frac{P}{RT}$$

となります。これに空気の分子量 M をかけると，空気の密度 ρ になります。

$$\rho = \frac{M}{1000} \cdot \frac{n}{V} = \frac{PM/1000}{RT}$$

1000 で割っているのは 1 mol の分子量 M は g 単位なので単位を kg に変えるためです。

この密度を先ほどの圧力と高度の関係を表す（1-3）式に入れて整理すると

$$\therefore \frac{\Delta P}{P} = -\frac{gM/1000}{RT} \Delta z \qquad (1\text{-}4)$$

となります。

この式は高さ z が少し変わったとき，圧力 P がどう変わるかを表しています。Δz が 10 m であるとして，この式を 0 m から 10 m ごとに足していけば，1000 m や 2000 m の高さの圧力も求まります。ここで，高さが変わっても温度 T が一定であると仮定すると，以下のようにそれぞれの高さでこの式が成り立ちます。

0 m での圧力変化

$$\frac{\Delta P(0 \text{ m})}{P(0 \text{ m})} = -\frac{gM/1000}{RT}\Delta z$$

10 m での圧力変化

$$\frac{\Delta P(10 \text{ m})}{P(10 \text{ m})} = -\frac{gM/1000}{RT}\Delta z$$

⋮

990 m での圧力変化

$$\frac{\Delta P(990 \text{ m})}{P(990 \text{ m})} = -\frac{gM/1000}{RT}\Delta z$$

これらの式の左辺と右辺についてそれぞれ和をとると，和 (sum) を表す記号 Σ （シグマ：S のギリシア文字）を使って

$$\sum \frac{1}{P} \varDelta P = -\frac{gM/1000}{RT} \sum \varDelta z \qquad (1\text{-}5)$$

と書くことができます。

 さてこの計算を地上 0 m から求めたい高度まですればよいのですが，$\varDelta z$ を 10 m ごとに計算するより，1 m ごとに計算する方が，左辺の圧力 P の値は正確になるので，計算は正しい値に近づきます。また，1 m より 0.1 m ごとに計算する方がさらに結果は正しくなるでしょう。

 そこで，$\varDelta z$ よりもずっと（極限的に）短い間隔 dz ごとに足し算することにしましょう。また，この dz ごとの極限的に微小な間隔ごとの特別な足し算には，S を縦に引き延ばした記号 ∫（インテグラル）を使うことにしましょう。すると (1-5) 式は次のように書き換えられます。

$$\int \frac{1}{P} dP = -\frac{gM/1000}{RT} \int dz \qquad (1\text{-}6)$$

これは（もちろん！）積分を表しています。

 積分の中の dz や dP はこのように，実際の物理量の $\varDelta z$ や $\varDelta P$ に対応しています。$\varDelta z$ や $\varDelta P$ は実際の物理量なので，普通の変数と同じく加減乗除の計算ができるし，これらを dz や dP に変換して，微分や積分の式に置き換えることも可能です。微小な量 $\varDelta z$ と，「極限的に」微小な量 dz には，「極限的」が付くかどうかで数学的な意味は少し違いますが，どちらも実際の物理量

を表すものであり、物理の参考書などではほとんど区別なく使われています。ですから、P や V などの他の変数と同様に計算ができると思ってかまいません。また (1-6) 式のような積分が現れたときには、dz や dP などにも物理的な意味があることを見落とさないようにしましょう。(注：なお、本書では $\varDelta$ を微小な変化だけでなく、大きな変化にも使うことがあります)

さて、(1-6) 式で積分に書き換えたので、ここからは積分のルール（公式）を活用することにしましょう。積分とは、(1-5) 式のような足し算を簡単に行うために生み出された計算方法です。(1-6) 式の左辺に対数の積分公式（本章の最後のコラムの（積1）式）を使うと

$$\therefore \log P = -\frac{gM/1000}{RT}(z+C)$$

となります。ここで C は積分定数です。これを指数の形に変えると

$$P = e^{-\frac{gM/1000}{RT}(C+z)}$$
$$= e^{-\frac{gM/1000}{RT}C} e^{-\frac{gM/1000}{RT}z}$$
$$= C'(T) e^{-\frac{gM/1000}{RT}z} \quad (C'(T) \equiv e^{-\frac{gM/1000}{RT}C} \text{ と定義した}) \quad (1\text{-}7)$$

となります。

簡のために、高さが変わっても温度が変化しないと仮定しているので（実際は高いほど寒くなりますが）、$C'(T)$ は定数にな

ります。温度を 0°C（= 273 K）とすると

$$\frac{gM/1000}{RT} = \frac{29 \times 9.8}{1000 \times 8.31 \times 273}$$

$$\fallingdotseq 1.25 \times 10^{-4}$$

となります。

(1-7) 式で地表を 1 気圧（= 1013 hPa）とすると，

$$P(0\,\mathrm{m}) = C'e^{-\frac{gM/1000}{RT} \times 0\mathrm{m}} = C' = 1\,\text{気圧} = 1013\,\mathrm{hPa}$$

となるので，定数 C' が 1 気圧であることがわかります。ですから (1-7) 式の指数を計算すれば，1 気圧の何％であるかがわかります。日本で一番高い山である富士山と，世界で最も高いエベレストの山頂での気圧を求めてみましょう。

まず富士山の頂上の高度 3776 m では，

$$P(3776\,\mathrm{m}) = C'e^{-\frac{gM/1000}{RT} \times 3776\mathrm{m}} = C'e^{-1.25 \times 0.3776} = 0.624 C' = 632\,\mathrm{hPa}$$

となり，地表の 3 分の 2 の気圧になります。富士山の高度はこのように空気が薄いのですが，人間が呼吸できる濃度です。ただし，標高 2000 m 以上では，高山病の危険性があるので，登山の場合は体調に十分注意する必要があります。

では，エベレストの頂上の高度 8848 m の気圧はどうでしょうか。

$$P(8848\text{ m}) = C'e^{-\frac{gM/1000}{RT}\times 8848\text{m}} = C'e^{-1.25\times 0.8848} = 0.331C' = 335\text{ hPa}$$

となり，地表の3分の1の気圧になります。

登山の魅力を表現する有名な言葉「そこに山があるから」を述べたイギリスの登山家マロリー（1886〜1924）は，1924年にエベレストで遭難しています。7000 mや8000 m級の登山は，岩壁と山登りのテクニックとの闘いだけでなく，酸素との闘いでもあります。マロリーは当時開発されたばかりの重い酸素ボンベを背負って頂上を目指しました。

エベレスト

エベレストの初登頂は，1953年のイギリス登山隊のヒラリーとテンジンによるもので，このときの酸素ボンベは約15 kgもの重さがありました。気圧が地表の3分の1しかないということは，筋肉が容易に動かないというだけでなく，普段大量に酸素を消費する脳にとってもかなり危険なことです。酸素の欠乏は脳に大きなダメージを与えます。脳は人間の生命活動の司令塔なので，正常に活動しなくなると，8000 m級の高山のような過酷な環境では確実に死に近づきます。登山家たちの闘いは人間の限界との闘いでした。

その後，1978年にはイタリアのメスナーとオーストリアのハーベラーとによって，酸素ボンベなしでの超人的なエベレスト登頂が行われました。大規模な登山隊を組んで長い期間をかけるそれまでの手法と違って，少人数でより短期間に頂上にアタックするというものでした。薄い空気中での短期間での登頂は，極めて高度な登山技術と，強靱な体力があって初めて実現できたものでした。

■パスカルとPa

ここで出てきた圧力の単位のPa（パスカル）はパスカルにちなんだ単位です。1 Paの定義は，1 m^{2}あたり，1 N（ニュートン）の力の圧力です。1 Nは，重力加速度$g=9.8$ m/s^{2}で割ってみるとわかるように，1 N$\div 9.8$ m/s$^2=0.102$ kg重です。ですから，1 Paでは1 m^{2}あたり0.1 kgの重さがかかっているのと同等です。

一方，1気圧は海抜0 mで，101.325 kPaもあります。つまり，1 m^{2}あたり10132.5 kg（＝10.1325 t）もの気圧による加重がかかっています。1 cm^{2}あたり，ほぼ1 kgです。

大気圧の大きさを人類が最初に実感したのは，1650年代のドイツの「マグデブルグの半球」の実験です。これは真空ポンプを発明したゲーリケ（1602～1686）が行いました。金属製の半球を2つ向かいあわせにして，内部の空気を真空ポンプで抜いたところ，それぞれの半球を馬8頭ずつで引いても半球は分かれなかったというものです。

「マグデブルグの半球」の実験

　このときの半球の直径は 30 cm あまりあったと言われています。この半球を引き離すのに要する力は，図 1-6 のように気圧の x 成分の和に等しくなります。この計算は一見難しいように見えますが実は簡単で，球と同じ直径の円の面積に働く圧力に等しくなります。

　直径 30 cm の球の場合を計算してみましょう。直径 30 cm の円の面積は，πr^2 より，

$$15 \text{ cm} \times 15 \text{ cm} \times 3.14 = 706.5 \text{ cm}^2 = 0.07065 \text{ m}^2$$

で，これに 10132.5 kg をかけると

$$0.07065 \times 10132.5 \fallingdotseq 715.9 \text{ kg 重}$$

となります。つまり 0.7 t を超える力がないと引き離せないとい

半球を左右から馬が引っ張るとします。このとき、左右それぞれの馬の力は、気圧 P の x 成分の総和より大きくなる必要があります。球の場合の積分は少し面倒なので、問題を簡単化して、円（半径=r）の場合を考えてみましょう。

　円周上の微小な長さ dl には垂直に気圧 P がかかっています。この図の半円に働く圧力の x 成分の総和は、この dl にかかる x 成分の圧力の和なので、

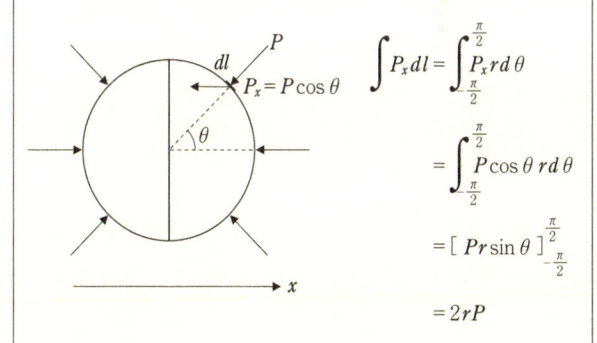

$$\int P_x dl = \int_{-\frac{\pi}{2}}^{\frac{\pi}{2}} P_x r d\theta$$

$$= \int_{-\frac{\pi}{2}}^{\frac{\pi}{2}} P \cos\theta \, r d\theta$$

$$= [Pr\sin\theta]_{-\frac{\pi}{2}}^{\frac{\pi}{2}}$$

$$= 2rP$$

となります（1行目で、$dl = rd\theta$ の関係を使っています）。

　$2r$ は直径なので、これは球の真ん中の直線部分に垂直に働く圧力の和と同じになります。

　同様に、半球に働く気圧の x 成分の総和は、円の面積に垂直に圧力 P がかかっている場合の和に等しくなります。

図1-6　半球にかかる圧力を計算してみる

うことになります。左右からそれぞれ 0.7 t を超える力で押されるので、左右それぞれ 8 頭の馬で引くとすると、1 頭あたり 90 kg の力で引けば半球を分割できることになります。当時の馬は、

現代の代表的な競走馬であるサラブレッドよりは小さかったようですが，1頭で90 kgの力は出せると思います。とすると，半球の直径はもっと大きかったということになります。

半球を引き離すのに要する力は，ここで見たように円の面積に比例するので，半径の2乗に比例して大きくなります。直径が50 cmだったと仮定すると，1990 kgの力が必要になり，1頭あたり250 kgになります。この値なら当時の馬では無理だったかもしれません。マグデブルグの半球の直径は30 cmから50 cmの間にあったと考えてよいでしょう。

テレビの天気予報では，よく「ヘクトパスカル」という気圧の単位を耳にします。「ヘクトパスカル」が使われ始めたのは，1992年の終わりからで，それまではミリバール（mb）が使われていました。長年ミリバールになじんできた筆者などは，「ヘクトパスカル」と聞くと，何となくオクトパス（たこ）を連想してしまいます。

この1 mbはちょうど100 Pa＝1 hPa（ヘクトパスカル）に等しいので，気象の世界ではmbをhPaに置き換えて使われています。そうすると，1992年以前の気圧の数字をそのまま使えるからです。このヘクト（hecto）は，ギリシア語の百を語源としていますが，同じ印欧語に属する英語のhundredやドイツ語のhundertに似ているので，この類推を頭に入れておくとhectoにもなじみが出ます。また，印欧語と全然関係のない日本語の百（hyaku：こちらは中国語が語源）ともhで始まる点では似ています。ヘクトパスカルが覚えにくい人は，ヒャクパスカルと言っ

ていると考えれば覚えやすいでしょう。

■ジェット旅客機の巡航高度

エベレストよりさらに高度の高いジェット旅客機の巡航高度である1万mではどうでしょうか。

$$P(10000\text{ m}) = C'e^{-\frac{gM/1000}{RT} \times 10000\text{m}} = C'e^{-1.25} = 0.287 C' = 290 \text{ hPa}$$

となり，エベレストの頂上より約13％ほど気圧が下がります（ただし，前述のように気温0℃を仮定しています。実際は－50℃ぐらい）。

旅客機では緊急の際に，酸素マスクが降りてきますが，これは高度1万mで空気が正常に供給されなくなると，途端に酸素欠乏に陥るからです。通常は，高度1万mを飛行中でも，航空機内部は0.8気圧程度に加圧されています。これは，高度2000m弱に相当する気圧なので，離着陸の際に耳の鼓膜の内外で気圧が適切に調整できないと耳が痛くなります。筆者などは着陸の際に右の耳だけ必ず痛くなるので，圧力の変化を遅らせる耳栓が必須です。

地上と高度1万mではこのように気圧が大きく異なるため，客室を与圧した旅客機には，高度1万mで大きな圧力が内側から外に向かってかかります。このため，航空機は離着陸のたびに，高空ではふくらみ，地上ではしぼむというサイクルを繰り返します。機体を構成するアルミ合金などの構造材はそのたびに変

形します。金属には伸び縮みする性質があるので，ある程度の繰り返しには耐えられるのですが，数千回の変形を繰り返すと，やがて破断に至ります。これを「金属疲労」と呼びます。

　この「金属疲労」の事故が広く知られるようになったのは，世界最初のジェット旅客機であるイギリスのコメットの事故でした。コメットは，1954年1月に地中海エルバ島近くの高度約8000mに達したところで墜落し乗客と乗員全員が死亡しました。また，同年4月にも，別のコメットがナポリ付近で海に墜落しました。当初原因は不明でしたが，その後の徹底的な調査によって金属疲労による機体の空中分解であると結論づけられました。金属疲労は，コメットの設計時には既に知られていて，開発段階でも機体の変形試験が行われました。しかし，機体全体ではなく一部の構造体を用いた試験だったため，金属疲労の度合いを見誤ったと言われています。日本でも，1985年8月12日に発生した日航ジャンボ機の御巣鷹山の墜落事故で520名もの尊い人命が失わ

世界初のジェット旅客機コメット

れました。その原因は，客室後部の圧力隔壁が金属疲労によって破断したためであると考えられています。

■現代の気球の活躍

上空での気圧や気温を測るために，水素気球が活躍しています。直径 1.5 m（地表）ほどの水素気球にラジオゾンデと呼ばれる測定器を吊して高度 3 万 m まで上昇させます。電波（ラジオと同じ周波数帯）で測定値を送ってくるので，ラジオという名がついています。ゾンデはドイツ語ですが，訳すと測定端子という意味です。ラジオゾンデはこの上昇の間に地表から 3 万 m の高さまでの温度や気圧を測定して地上に送ります。この

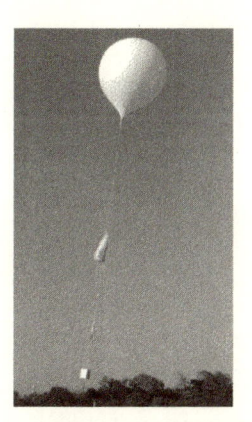

ラジオゾンデ
国土交通省気象庁高層気象台HPより

ラジオゾンデは日本国内だけでも毎日 16 ヵ所の気象台から 1 日 2 回（世界標準時の 0 時と 12 時，日本時間の午前 9 時と午後 9 時に観測）上げられています。この測定は，世界的な観測網が築きあげられていて，全地球的規模の観測が毎日行われています。

熱気球は 20 世紀半ばにスポーツとして独自の発展をとげましたが，モンゴルフィエとシャルルの気球競争は，2 世紀後の現在でも場所を換えて続いていると言えそうです。

さて，第 1 章で読者のみなさんは「気体の状態方程式」という

とても重要な関係を理解しました。圧力，体積，mol 数，気体定数，温度をつなぐ熱力学の関係が，実は大きな広がりを持っていることに気づかれたことと思います。熱力学はみなさんの身の回りの現象に密接に関わっているのです。

微分の公式

高校で習ったはずの微分の公式を並べておきます。記憶を確認してみてください。

$$\frac{d}{dx} x^a = a x^{a-1} \qquad (微1)$$

$$\frac{d}{dx} e^x = e^x \qquad (微2)$$

$$\frac{d}{dx} \log x = \frac{1}{x} \qquad (微3)$$

$$\frac{d}{dx} (fg) = \frac{df}{dx} g + f \frac{dg}{dx} \qquad (微4)$$

$$\frac{d}{dx} f(y) = \frac{dy}{dx} \frac{d}{dy} f(y) \qquad (微5)$$

(微1) だけ証明してみましょう。

$$\frac{d}{dx} x^a \equiv \lim_{\Delta x \to 0} \frac{(x+\Delta x)^a - x^a}{\Delta x} \quad \text{微分の定義です。}$$

$$= \lim_{\Delta x \to 0} \frac{\overbrace{(x+\Delta x)\cdots(x+\Delta x)}^{a\text{個}} - x^a}{\Delta x} \quad \text{分子の第1項を展開します。}$$

$$=\lim_{\Delta x\to 0}\frac{(x^a+ax^{a-1}\Delta x+\cdots+\Delta x^a)-x^a}{\Delta x}$$

x^a が引き算で消えます。

$$=\lim_{\Delta x\to 0}\frac{ax^{a-1}\Delta x+\cdots+\Delta x^a}{\Delta x}$$

$$=\lim_{\Delta x\to 0}(ax^{a-1}+\cdots+\Delta x^{a-1})$$

第2項から後ろは Δx がかかっているので $\Delta x \to 0$ の極限でゼロです。

$$=ax^{a-1}$$

証明終わりです。

なお,微分の公式から積分の公式も導けます。たとえば,(微3) 式の両辺を積分すると

$$\int \frac{1}{x}dx = \log x + C \qquad (積1)$$

が得られます。C は積分定数です。

また (微4) 式を積分すると,部分積分の公式が得られます。

$$\int \frac{df}{dx}g\,dx = fg - \int f\frac{dg}{dx}dx \qquad (積2)$$

第2章　夢のエンジン

■熱のやりとりとエンジン

　熱気球や，水素気球の発明とほぼ同時期に，もう1つ熱力学と密接な関係がある重要な発明が進行していました。それは，あの有名なワットの蒸気機関です。蒸気機関によって，人類は人工的な動力を手に入れました。その後この動力を使った産業革命が全世界を変えたことは，みなさんもよくご存じのとおりです。

　蒸気機関の原型は，1712年にイギリスのニューコメン（1664〜1729）が開発したもので，炭鉱の排水用として広く使われました。読者の方には炭鉱といっても馴染みがないかもしれませんが，日本でも1960年代までは北海道や九州に多くの炭鉱が存在し，事故も少なくありませんでした。坑（石炭を堀り出すために堀った穴）内は落盤やガスによる酸欠，さらには炭塵爆発（石炭の細かいくずが爆発するもの）などの危険がありましたが，中でも地下水による浸水が大きな問題でした。より多くの石炭を求めて，坑はどんどん深くなっていきます。そして，深くなるほど出水量は増えていきます。ポンプを作動させておかないと，坑は水没してしまうのです。

　ニューコメン機関の構造はいたって簡単で，図2-1のように蒸

気を出す釜（ボイラー）にシリンダーをつないだものでした。シリンダー内のピストンには外部の重りがつながっています。

ニューコメン機関の運動は，

1. まず，図2-1の左端の重りにかかる重力でピストンが上昇します。このとき，ボイラーの蒸気弁を開けてシリンダー内に，蒸気を注入します。
2. 次にピストンが上端に達すると，蒸気弁を閉めて，シリンダー内に冷却水を注入します。この冷却によってシリンダー内の水蒸気が液体の水に戻ります。水蒸気と水の容積比は既に見たように1700倍ほどあるので，シリンダー内の圧力は一気に減少し，ピストン上面にかかる大気圧によってピストンは下端まで押されます。

これがニューコメン機関の1サイクルです。ここで見たように蒸気の注入と冷却により重りを上下させる仕事をしています。この重りの上下の運動を，排水に使って坑内の水をくみ出していたわけです。このニューコメン機関の特徴の1つは，大気圧程度の圧力を使っていたことです。当時の技術では，ボイラーやシリンダーや配管などが高い圧力に耐えられませんでした。

ニューコメン機関のもう1つの特徴は，極めて効率が悪いことで，掘り出した石炭の3分の1ぐらいがニューコメン機関の動力に使われていたと言われています。掘り出した石炭の3分の2しか売り物にならないわけですが，炭鉱の経営者にとっては坑が水没するよりはましというわけです。

重りが下がるとピストンが引き上げられます。このとき、ボイラーから蒸気がシリンダー内に供給されます。

シリンダー内に冷却水が注水されると蒸気が水となり、シリンダー内が減圧されます。大気圧との圧力差でピストンが下がります。

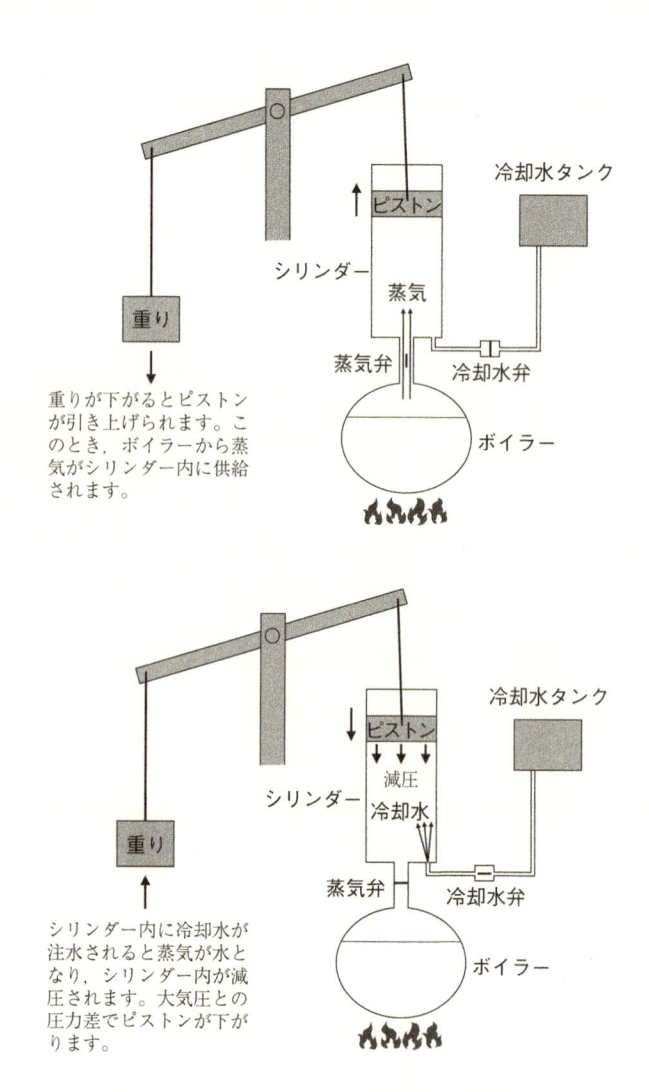

図2-1　ニューコメンの蒸気機関の作動原理

第2章　夢のエンジン

■ワットによる改良

この極めて効率の悪いニューコメン機関は実に50年以上も稼働していたのですが、本質的な効率の悪さは改善されませんでした。

この改良に乗り出したのが、ワット（1736〜1819）でした。ワットはイギリスのスコットランドに生まれ、教養のあった母から教育を受けました。17歳の時に、ロンドンに出て器具の作製を学び、22歳の時にグラスゴー大学内に実験器具の作製工房を開きました。この後、ニューコメン機関の模型作りを依頼されたのが、蒸気機関の改良の端緒になりました。蒸気機関の実用テストに成功したのは1774年ごろのことです。

ワット（1736〜1819）

ワットになったつもりになって、ニューコメン機関のどこが効率を悪くしているのか考えてみましょう。図2-1のシリンダーでは、蒸気を入れて、その後冷やすというサイクルを繰り返します。したがって、シリンダーは暖められたり、冷やされたりします。この冷めたシリンダーを暖めるエネルギーは動力に変わっているわけではないので、まるまる「損失」になります。また、シリンダーは温度が上がると膨張し、冷めると収縮するというサイ

クルを繰り返します。シリンダーが金属製の場合には、伸縮の繰り返しによって金属疲労が起こり、やがてひびが入ったり変形したりする可能性があります。したがって、故障しやすいという欠点もありました。

ワットはこの欠点を的確に把握して、1769年に新しい蒸気機関の基本構造を思いつきました。ポイントは、冷却用のシリンダーを別にもうけることです。ワットの初期のアイデアを簡単化したのが図2-2です。この冷却用シリンダーは復水器と呼ばれます。この復水器の中にニューコメン機関と同様に冷却水を注水して、蒸気を液体の水に戻します。この構造では、ピストンが稼働

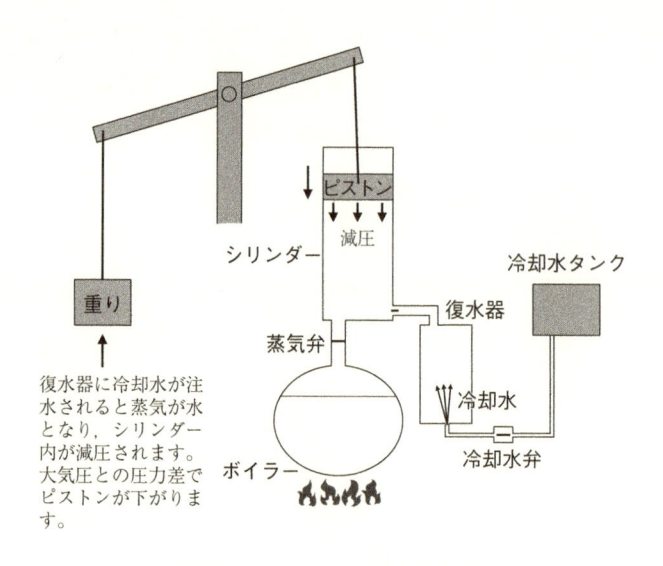

復水器に冷却水が注水されると蒸気が水となり、シリンダー内が減圧されます。大気圧との圧力差でピストンが下がります。

図2-2 ワットの蒸気機関の作動原理

するシリンダーを冷やすことがないので，熱の損失は大幅に減りました。まもなくワットは，さらに復水器全体を冷却水中につけて常時冷却し，ポンプで減圧した復水器内に蒸気を導くことによって蒸気を水に戻すという構造に改良しました。その結果，復水器への注水は不要になりました。ワットのこの蒸気機関は，ニューコメンのものより，大幅に性能が良く，鉱山での排水効率も劇的に改善されました。

ワットの蒸気機関は，大気圧程度の蒸気の圧力を使っていたという点では，ニューコメン機関と同じでした。ワットは，当時の技術では，ボイラーやシリンダーや配管などが高い圧力に耐えられないことを憂慮していました。

ワットやニューコメンの機関では，1気圧程度の圧力しかピストンにかかりません。しかし，もし蒸気圧を2気圧にできれば，ピストンにかかる力は2倍になり，さらに蒸気圧を3倍にできれば，かかる力も3倍になります。ピストンの大きさ（面積）が同じであれば，蒸気圧を大きくするほど力は大きくなるし，同じ力を取り出すのであれば，蒸気圧を大きくするほどピストンとシリンダーを小型化できます。このような利点があるため，その後高圧の蒸気を使う蒸気機関への改良が進められました。

■熱機関

蒸気機関は，石炭を燃やした時に発生する熱エネルギーを水蒸気の分子の運動エネルギーに変え，さらにその運動エネルギーをピストンを動かすエネルギーとして使います。つまり，

熱エネルギー → 運動エネルギー

という「エネルギーの変換」を行っています。

　この熱エネルギーを力学的なエネルギーに変換する蒸気機関のような機械を**熱機関**と呼びます。効率よく熱エネルギーを力学的なエネルギーに変換できるものほど，無駄がなくて良い熱機関です。

　読者のみなさんは，この効率はどれぐらいだと考えるでしょうか。100％という理想的な熱機関を作るのは難しいだろうということは予想されるでしょう。90％だろうか，あるいはもっと低くて70％だろうかなどと考える方もいると思います。この効率の話は，後で詳しくお話しするとして，ワットの蒸気機関の効率を言うと，わずか3％ぐらいだったと言われています。つまり，石炭を燃やして得られるエネルギーのうち，97％のエネルギーが無駄になっていた（熱のまま捨てられていた）というわけです。ニューコメン機関の場合はもっとはるかに低く1％に満たなかったと言われています。つまり，99％以上のエネルギーが無駄に捨てられていたことになります。

■熱量とエネルギーの関係

　熱のやりとりを考える場合には，熱量とエネルギーの関係を理解しておく必要があります。仕事が熱に変わる現象としては，1798年にランフォード（1753〜1814）が大砲を機械で削るとき，摩擦熱で大砲がどんどん熱くなることを見つけていました。当時

は，熱が原子や分子の運動によって生じているということは知られていませんでした。そこで，熱を運ぶ「熱素」というものの存在が仮定されていました。摩擦熱で大砲がどんどん熱くなるというランフォードの発見は，仕事を続ける限り熱が無限に生まれることを意味しています。熱素の量が有限であると考えていた熱素説では，この現象は説明できませんでした。

しかし，「仕事が熱に変わる」という考え方は当時の科学界で広く認められたわけではなく，熱素説もすぐに覆ったわけではありませんでした。エネルギーと熱量の関係の解明に取り組んだのは，イギリスのジュール（1818～1889）です。

ジュールは，イギリスの裕福な醸造家に生まれました。病弱だったので学校教育は受けないで，家庭教師について学習しました。成人後は家業の醸造業を経営しながら，自宅の一室で研究を続けました。仕事が熱に変わる現象を調べる実験に取り組み始めたのは，20歳のころからです。大学などに所属しないアマチュア研究者で，実験結果も，当初は学術誌には取り上げられず，マンチェスターの新聞に掲載されただけでした。

ジュール（1818～1889）

1840年に電線に発生する熱に関する「ジュールの法則」を発

見しました。これは電線に電気を流すと熱が発生しますが（この熱はジュール熱と呼ばれています），その熱量 Q が，電流 I の2乗に比例するという関係です。参考までに式で書くと，電気抵抗の値を R とし，電流を流す時間を t とすると，

$$Q = RI^2 t$$

の関係です。

このとき電線の中では，

(1) 電線の中を流れる電子が，電界によって加速され
(2) 加速された電子が原子にぶつかると
(3) その衝突の衝撃で原子は振動し，一方で電子はエネルギーを失う

という現象が繰り返し起こっています。固体では，「原子の振動＝熱」です。この当時，エネルギーの概念はまとまっていませんでしたが，ジュールは電気のエネルギーと熱のエネルギーの関係を明らかにしたのです。

続いてジュールは，仕事（運動エネルギー）と熱（熱エネルギー）の関係を明らかにしようとしました。実験装置は次の図 2-3 のようなものです。水の中に水車を入れて，水車を回します。水車を回すと，だんだん水温が上昇します。これは水車を回す力学的なエネルギーが，水の熱エネルギーに変換されていると考えることができます。

ただし，直接，手で水車を回したのでは，いくら仕事をしたか

第2章　夢のエンジン

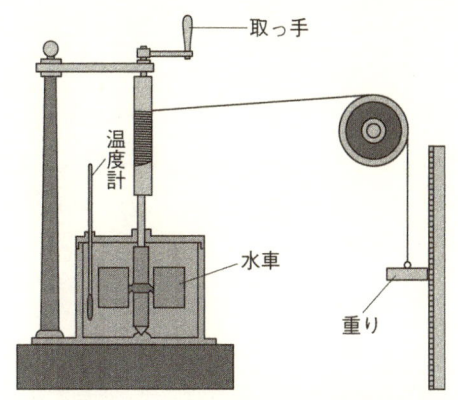

図2-3　ジュールが作った実験装置

が明らかではありません。そこで、重りが重力に引かれて降下する力を利用することにしました。

実験装置は図のようになっていて、まず水車上部の取っ手を回して右側の重りを巻き上げます。巻き上げた後、水温が安定するまで待ち、その水温を記録します。次に取っ手を離すと、重りは重力に引かれて下がり始めます。このとき重りに引かれて水車が回転します。この水車の回転による温度上昇を測ります。重りの質量を m とすると、重りが高さ h の距離を落下したとき、重りがした仕事は力学で学んだように mgh です。回転軸に摩擦がないとすると、この仕事 mgh が水の熱に変わったことになります。

ジュールはできるだけ正確に、力学的なエネルギーと、水の温度上昇の関係を調べました。その結果、

$$1\,\mathrm{cal} = 4.2\,\mathrm{J} \qquad (2\text{-}1)$$

であるという結論を得ました。このジュールの実験によって，エネルギーと熱量は単位は違いますが，本質的には「同じもの」であることが明らかになりました。

エネルギー＝熱量

cal（カロリー）は，「1gの水の温度を1℃上げるのに必要な熱量」と定義されています。成人男性が1日に必要な2200 kcalという，あのカロリーです。現在では国際的に，熱量の単位にもJ（ジュール）を使う動きが広がっていて，外国から輸入された食品のパッケージの多くにジュールが記載されていることに気づきます。

ジュールは，1847年に学会で水車の実験の結果を発表しました。28歳のときのことです。彼の発表はあまり注目されませんでしたが，発表直後に弱冠23歳のウィリアム・トムソン（後のケルビン，1824～1907）が声をかけました。この後，2人は研究で協力しました。トムソンとの共同研究などを通じて，無名のアマチュア研究者だったジュールの評価は高まり，ジュールは，1850年にロイヤルアカデミー会員に選ばれました。

ジュールは，「電気エネルギーと熱エネルギーの関係」と「仕事（運動エネルギー）と熱量（熱エネルギー）の関係」を明らかにしました。「エネルギーはどんな形に変わっても，増えることも減ることもなく，常に保存されている」という関係を**エネルギ**

一保存の法則と呼びます。エネルギーの種類としては，運動エネルギー，熱エネルギー，電気エネルギー，仕事などがあります。エネルギー保存の法則の概念の確立に貢献したジュールの名は，その後エネルギーの単位になりました。ロンドンのウェストミンスター寺院にはジュールの記念碑があります。

■熱力学の第1法則

このエネルギー保存の法則が熱機関でどのようになっているのか考えてみましょう。ここでは考えるモデルを簡単にするために，理想気体を使うことにします。理想気体を表すときに用いた物理量は4つでした。すなわち，圧力 P，体積 V，mol数 n，温度 T でした。これに，熱のやりとりやエネルギーも考える必要があるので，熱量 Q と，理想気体が持っている**内部エネルギー** E の2つの物理量が加わります。内部エネルギーは，「気体の内部にため込まれたエネルギー」という意味で貯金のようなものです。

この理想気体に，わずかな熱量 ΔQ が加わったとします。この熱を吸収すると理想気体の内部エネルギーはわずかに $\Delta E = \Delta Q$ だけ増えるでしょう。また，熱機関の中では，理想気体はピストンを動かす仕事 ΔW をするので，その分のエネルギーは $\Delta E = -\Delta W$ だけ変化する（減る）でしょう。したがって，この2つの関係を式にまとめると

$$\Delta E = \Delta Q - \Delta W$$

または，

$$dE = dQ - dW \quad (\leftarrow 微分形式の表現) \qquad (2\text{-}2)$$

となります。

理想気体から熱が逃げる逆の場合も、式は同じです。たとえば、理想気体から熱 $\varDelta Q$ が逃げれば、理想気体は $\varDelta E = \varDelta Q$ だけエネルギーを失います。また、理想気体が外部から仕事 $\varDelta W$ をされると、その分の内部エネルギーは $\varDelta E = -\varDelta W$ だけ増加します。式の形は先ほどと同じですが、$\varDelta E$、$\varDelta Q$、$\varDelta W$ の正負が逆になるわけです。$\varDelta Q$ と $\varDelta W$ の正負の場合を以下に書いてみます。

理想気体に熱が加わる場合　　　$\varDelta Q > 0$
理想気体から熱が逃げる場合　　$\varDelta Q < 0$

理想気体が仕事をする場合　　　$\varDelta W > 0$
理想気体が仕事をされる場合　　$\varDelta W < 0$

この (2-2) 式が表す関係は、「**熱 Q や仕事 W の出入りは、内部エネルギーの変化に等しい**」というもので、このように**エネルギー保存の法則**を表しています。これを、**熱力学の第1法則**と呼びます。

■気体の膨張による仕事

ワットより後の蒸気機関では、気体が膨張するときの圧力がピストンを動かす主な力になりました。この気体の膨張と仕事の関

第2章 夢のエンジン

係を考えてみましょう。簡単な場合として圧力 P でピストンが距離 ΔL 動いた場合を考えましょう（図2-4）。ピストンの断面積を S とすると，このときピストンに加わる力 F は PS です。これが距離 ΔL 動いたわけですから，このときの仕事 ΔW は力学で学んだように，仕事＝力×距離 の関係から，

$$\Delta W = F \Delta L$$
$$= PS \Delta L$$

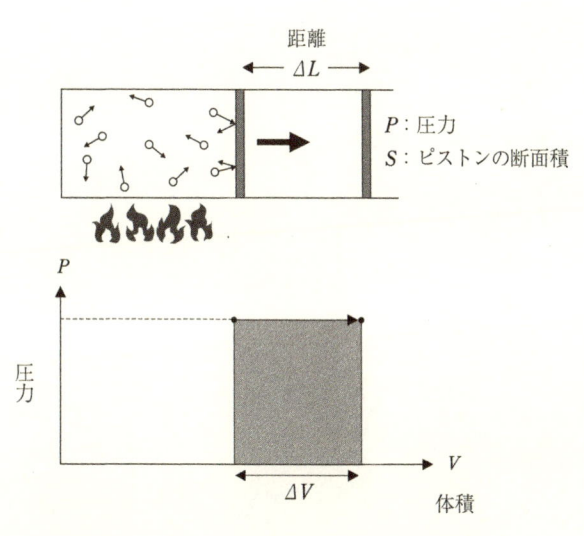

気体が膨張によって行う仕事は，仕事＝力×距離 の関係から

$$\Delta W = F \times \Delta L = PS \times \Delta L = P \Delta V$$

となります。

図2-4　熱力学で重要な圧力-体積グラフ

となります。ここで $S\varDelta L$ は，増加した体積なので $\varDelta V$ と書くことにしましょう。すると，

$$\varDelta W = P\varDelta V \quad (\text{または}, \ dW = PdV)$$

となります。縦軸を圧力にとり，横軸を体積にとったグラフ（**P-V 図**と呼びます）では，図2-4の灰色の部分の面積が仕事に対応します。

この関係を使うと(2-2)式は次のように書くことができます。

$$\varDelta E = \varDelta Q - P\varDelta V \quad \text{または} \quad dE = dQ - PdV \qquad (2\text{-}3)$$

■気体の内部エネルギーとは何か

気体の内部エネルギーは，「気体の内部にため込んだエネルギー」という意味ですが，一見したところ少し漠然としたイメージのように思えるかもしれません。しかし，(単原子分子)理想気体の場合は極めて簡単で，

気体の内部エネルギー E
　＝気体分子の重心の運動エネルギーの全部の和

になります。力学で学んだように，気体分子の質量が m で，平均の速さが v であれば，分子の運動エネルギーは $mv^2/2$ です。これが分子1個の平均の運動エネルギーなので，対象とする分子全部の運動エネルギーは，分子の数の分だけ足し算して，

$$E=\sum \frac{1}{2}mv^2$$

となります。

理想気体でなくて,「一般の気体」の場合には,重心の運動エネルギーの他に,それより小さい

- 気体分子の重心の周りの回転エネルギー
- 気体分子の振動エネルギー

の2つが加わります。したがって,この3つを足し合わせたエネルギーが主な内部エネルギーとなります。

「主な」と書いたのは,気体分子相互の間には,引力や斥力などの相互作用が働く場合があるからで,それらの効果が大きい気体では,話は少し難しくなります。しかし本書では最も簡単な(単原子分子からなる)理想気体の場合のみを考えることにします。というわけで,分子の重心の運動エネルギーだけを考えればよいのです。

■ゲイリュサック・ジュールの自由膨張の実験

ジュールは他にも重要な実験をしています。それは,フランスのゲイリュサックが1809年に行ったものと同じで,気体の**自由膨張**の実験です。これは気体の圧縮や膨張の際の「仕事と熱の関係」を調べるいくつかの実験の中の一つでした。自由膨張とは,「気体が何も仕事をしないで膨張する」場合を指します。たとえ

ば，1気圧の大気中で風船をふくらませたとすると，風船の中の気体は，まわりの1気圧の空気を押しながら膨張するので，仕事をすることになります。これとは違って，自由膨張とは気圧ゼロの真空中に気体が広がることを意味します（図2-5）。

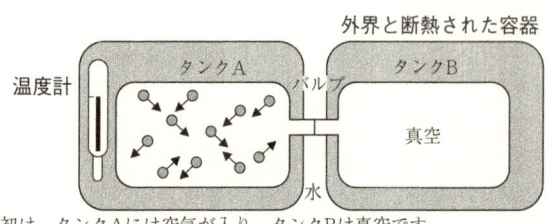

外界と断熱された容器

温度計　タンクA　バルブ　タンクB　真空　水

最初は，タンクAには空気が入り，タンクBは真空です。

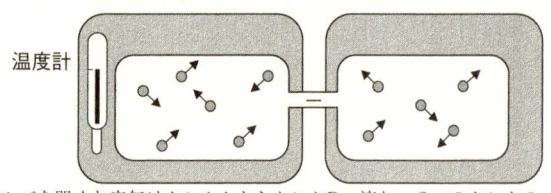

温度計

バルブを開くと空気はタンクAからタンクBへ流れ，2つのタンクの圧力は同じになりました。
最初の状態と，両方のタンクに空気が入った最後の状態で水温に変化はありませんでした。

図2-5　ゲイリュサック・ジュールの自由膨張の実験

ゲイリュサック・ジュールの実験では，まず外界と断熱された2つの容器の中に金属製のタンクAとBを入れて，そのまわりを水で満たしておきます。このときタンクAには空気を入れておき，タンクBは排気して真空にしておきます。このAとBの

通路の間にはバルブがあります。最初はこのバルブを閉めておきます。この状態でタンクの中の空気とタンクAとB，それに周りの水の温度が一定になるまで待ち，タンクA側の水温を測ります。

次に，バルブを開くと空気はAからBへ流れ込み，すぐにタンクAとBの圧力は同じになります。この状態で水温を測ります。

ジュールが実験してみると，空気がタンクAだけに入っていた最初の状態と，タンクAとBの両方に空気が入った最後の状態で水温に変化はありませんでした。金属製のタンクは容易に熱を伝えますから，これは気体の温度も変化しなかったことを意味します。ということで，「自由膨張では温度は変わらない」ということがわかりました。

さて，この現象が何を意味しているかですが，気体分子の運動を考えると，おもしろい性質が浮かび上がってきます。話を簡単にするために，理想気体の場合で考えましょう。タンクAの中だけに気体分子があった場合と，タンクBに広がった場合では，気体の体積は変化していますが，分子数は同じです。したがって，内部エネルギー（＝気体分子の運動エネルギーの和）

$$E = \sum \frac{1}{2} mv^2$$

は自由膨張では変化しないというのがこの実験の本質です。タンクAからタンクBに気体が広がる過程で，気体分子は何の仕事もしていないので（真空中のタンクBに広がっただけ），分子の

運動エネルギーの和に変化はなく,内部エネルギーにも変化がなかったというわけです。

「内部エネルギーが変わらなかった場合に,温度が変わらなかった」というのは重要なポイントで,次のような結論が導けます。

一定の数の気体分子を考えると,その気体分子の集団の内部エネルギーは,

- **温度だけに依存し（温度だけで表現でき）**
- **体積に依存しない（体積とは無関係である）**

ということになります。これは一定数の気体分子の集団の内部エネルギーを考える際の重要な基礎なので頭に入れておきましょう。

■熱量と比熱

ここに 1 mol の気体（つまり,$6.02×10^{23}$ 個の気体分子の集団）があったとします。この気体の温度を 1°C 上げるのに必要な熱量を mol 比熱と呼びます。温度を ΔT 上げるのに必要な熱量を ΔQ とすると,その比 $\Delta Q/\Delta T$ が比熱です。

比熱の測り方は,気体の状態によって変わってきます。たとえば,体積を一定にして温度を変えた場合と,圧力を一定にして温度を変えた場合では比熱の値が異なります。これは体積を一定にした場合は温度を変えても気体は仕事をしませんが,圧力一定の場合は温度を変えると体積が変化するので,加えた熱量の一部は仕事にも使われるからです。というわけで,比熱には 2 種類あっ

て，気体の体積を変えない**定積比熱**と，気体の圧力を変えない**定圧比熱**があります。定積比熱を C_V で表せば

$$C_V = \left(\frac{\varDelta Q}{\varDelta T}\right)_{V=一定}$$
$$= \left(\frac{\partial Q}{\partial T}\right)_{V=一定}$$

と書けます。ここで，$\partial/\partial T$ は偏微分を表します。偏微分とは，複数の変数がある場合に，そのうちの1つの変数に関する微分をとることを意味します。定積比熱では体積が一定で仕事をしないので，(2-2) 式において $dW=0$ となります。よって，$dE=dQ$ となり，定積比熱は

$$C_V = \left(\frac{\varDelta E}{\varDelta T}\right)_{V=一定}$$
$$= \left(\frac{\partial E}{\partial T}\right)_{V=一定} \qquad (2\text{-}4)$$

となります。体積が一定で外部に対して仕事をしないので，加えた熱量がそのまま内部エネルギーになるわけです（図 2-6）。

もう1つの比熱は圧力を一定にした定圧比熱 C_P です。式で書くと，次のようになります。

$$C_P = \left(\frac{\partial Q}{\partial T}\right)_{P=一定}$$

定積比熱 C_V
（体積=一定）

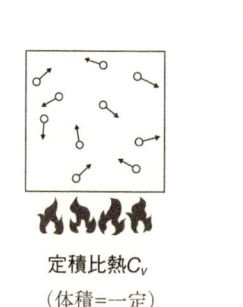

気体の体積は増加しないので、加えた熱は気体分子の運動エネルギーの増加にだけ使われます。

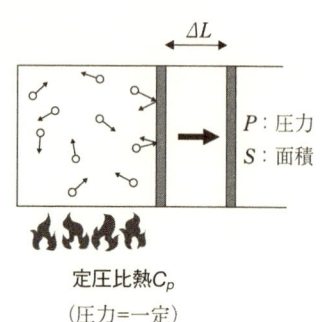

定圧比熱 C_P
（圧力=一定）

P：圧力
S：面積

大気中での定圧比熱を考えると、加えた熱は、まず気体分子の運動エネルギーに変わります。しかし、気体分子の運動エネルギーの一部は膨張によって

仕事=圧力P×面積S×距離ΔL

の仕事をするのに使われます。したがって、ある温度まで上昇させるのに要する熱量は定圧比熱の方が大きくなります。

図2-6 定積比熱と定圧比熱

圧力を一定にして温度を上げると体積が大きくなるので、気体は外部に対して仕事をします。つまり、加えた熱量の一部は仕事に使われるので、1℃温度を上げるには体積一定の場合より大きな熱量が必要になります。

したがって、

$$C_V < C_P$$

であることがわかります。

■定積比熱と定圧比熱の関係

C_V と C_P の間には,この不等式よりももっと具体的な関係があります。ゲイリュサック・ジュールの実験を思い出してみましょう。あの自由膨張の実験では,温度は変化しませんでした。これは,一定の mol 数の理想気体の内部エネルギーは,体積に依存せず温度のみの関数であることを意味していました。したがって 1 mol の内部エネルギーは温度 T だけの関数として

$$E = E(T)$$

と表せます。

このように気体分子の数が一定であれば,その内部エネルギーは体積にも圧力にも依存せず温度だけの関数なので,定積比熱を表す (2-4) 式も体積によらず温度だけの関数になります。したがって,「$V=$一定」を外して偏微分から微分に直して

$$C_V = \frac{dE}{dT} \qquad (2\text{-}5)$$

と表せます。

次に定圧比熱の場合を考えましょう。1 mol の気体の状態方程式は $PV=RT$ です。圧力 P が一定(定圧)の場合に温度が変化したとすると,R は定数なので,この式で変化するのは温度 T の他には体積 V だけです。したがって

$$PdV = RdT$$

となります。この式を書き換えると

$$P\left(\frac{\partial V}{\partial T}\right)_{P=一定} = R \qquad (2\text{-}6)$$

となります。この式がこの後で役に立ちます。

ここで (2-3) 式に戻ります。

$$dQ = dE + PdV \qquad (2\text{-}3)$$

これを圧力一定の条件で、温度で微分したものが定圧比熱です。これは、

$$C_P = \left(\frac{\partial Q}{\partial T}\right)_{P=一定} = \left(\frac{\partial E}{\partial T}\right)_{P=一定} + P\left(\frac{\partial V}{\partial T}\right)_{P=一定}$$

となります。(2-6) 式を右辺の第2項に代入すると、定圧比熱は、

$$C_P = \frac{dE}{dT} + R$$

となります。内部エネルギーは (2-5) 式の導出で見たように、温度だけの関数なので、定圧の条件 ($P=$一定) の有無にかかわらず右辺の第1項は定積比熱を表しています。

というわけで,

$$C_P = C_V + R \quad (理想気体) \quad (2\text{-}7)$$

の関係が得られます。第2項の R は，ここで見たように気体の膨張による効果を表す項です。つまり，気体の定圧比熱 C_P と定積比熱 C_V の差（＝気体定数 R）は，気体が熱による膨張によって外の圧力に抗してする仕事分の比熱に相当します。

■カルノー

ワットが蒸気機関を開発したとき（1770年代），ボイル・シャルルの法則（1787年）はまだ見つかっていませんでした。つまり，ワットたちは気体の性質をあまりよく理解していない状況で，蒸気機関を開発したことになります。このように動作原理となる部分の基本的な性質が十分にはわかっていない場合でも，試行錯誤を繰り返して経験的にその性質を把握すれば，技術開発は可能なのです。科学が十分発達していると多くの人たちに考えられている現代においても，実は研究開発の現場では，この種の試行錯誤が繰り返されています。

蒸気機関の改良には，多くの研究者や技術者が関わり，進歩は続いたのですが，それは緩やかなものでした。改良のスピードが遅かった最大の理由は，「蒸気機関と熱の間の基本的な関係」が明らかではなかったことです。つまり，改良のための基本的な指針がわかっていませんでした。

この問題に取り組んだのが，フランスのカルノー（1796〜

カルノー (1796〜1832)

1832) です。カルノーの父はフランス革命の時期に活躍した政治家・軍人で, 同時に優れた技術者・数学者でもありました。カルノーの父が設立に関与したエコール・ポリテクニク (1794年設立で, 現在もフランスを代表する理工系エリート大学) をカルノーは1814年に卒業し, 陸軍の技術将校になりました。

1824年に休職し, その年に「火の動力についての考察」という小冊子を発表しました。この中でカルノーは, 水車をもとにして, 熱と熱機関の関係を考えました。水車では, 高い所から低い所へ水を流し, その過程で水車を回し動力を生み出します。この高低差が大きいほど水車が生み出す動力は大きくなります。同じように熱も, 温度の高い所から低い所へ流れ, この温度差が大きいほど熱機関が生み出す動力は大きくなると考えました。カルノーが考え出した最も効率の良い熱機関のモデルを, **カルノーサイクル**と呼びます。

カルノーの時代には, 熱が原子や分子の運動によって生じているということは知られておらず, 熱を運ぶ「熱素」の存在が信じられていました。水車の話にたとえると, 水に相当するものが「熱素」であるというわけです (熱素説は後に否定されました)。このカルノーの論文が発表されたのは, ワットによる蒸気機関の

発明から50年後のことです。しかし、このカルノーの論文はすぐに日の目を見たわけではありませんでした。カルノーは科学の世界で無名のまま、1832年の夏にフランスを襲ったコレラによって命を落としています。36歳の若さでした。

■等温過程

この重要なカルノーサイクルでは、**等温過程**と**断熱過程**という2つの熱過程が関わります。カルノーサイクルを理解するためには、まずこの2つの過程を理解する必要があります。ここでは等温過程から見てみましょう。

等温過程とは、気体の温度を変えない熱過程です。このとき、体積と圧力がどのように変化するのか、気体の状態方程式をもとに考えてみましょう。気体分子の個数も変えないものとします。この変化は、気体の状態方程式で $T=$ 一定とおくので、ボイルの法則（$PV=$ 一定）そのものです。

横軸に圧力 P を縦軸に体積 V をとるグラフ（P-V 図）にこの曲線を描くと図2-7のようになります。このとき図の点Aから点Bに膨張した場合の仕事を考えましょう。この間にした仕事は、$\varDelta W = P \varDelta V$ なので図2-7の灰色部分の面積が仕事に対応します。この仕事のエネルギーがどこから来たかを考えると、このとき気体の温度は変化していないので、気体自体の内部エネルギーを使ったわけではないことがわかります。ですから、等温過程で膨張した場合は、気体は外から熱をもらって仕事をしたことになります。

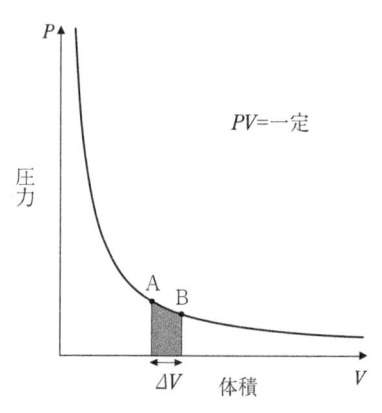

図2-7 理想気体の等温過程はボイルの法則そのもの

　逆に，等温過程で外から圧縮されて体積が小さくなった場合はどうでしょう。これも等温過程なので圧縮されても温度は変わらないので，気体の内部エネルギーが変化しないことがわかります。この場合は，圧縮の際に外からされた仕事は，外に熱になって逃げたことになります。

■断熱過程

　今度は，熱の出入りがないようにした断熱過程での膨張や圧縮を考えましょう。「断熱的」とは，外部との熱のやりとりを遮断することを意味します。まわりと熱のやりとりをしないわけですから $dQ=0$ です。したがって (2-3) 式は

$$dQ = dE + PdV = 0$$

第2章 夢のエンジン

と書くことができます。

この式からスタートして，P と V の間に成り立つ関係を求めましょう。理想気体（1 mol）を考えると，(2-5) 式より，

$$C_V = \frac{dE}{dT}$$

$$\therefore dE = C_V dT$$

が成り立ち，状態方程式より $P = RT/V$ なので，前式は

$$dQ = C_V dT + \frac{RT}{V} dV = 0$$

となります。これを変形すると

$$\frac{dV}{V} = -\frac{C_V}{R} \frac{dT}{T}$$

となります。この式で V, T, R, C_V は正の値をとります。したがって，断熱的に気体を膨張させれば $dV > 0$ なので，$dT < 0$ となって温度が低下し，気体を圧縮すれば $dV < 0$ なので，$dT > 0$ となって温度は上昇します。

この関係は微分の関係になっているので積分して微分記号のない関係に書き直しましょう。この両辺を積分します。

$$\int \frac{1}{V} dV = -\frac{C_V}{R} \int \frac{1}{T} dT$$

ここで積分の公式 $\int \frac{1}{x} dx = \log x + C$ を使うと

$$\log V + C' = -\frac{C_V}{R} \log T + C''$$

となります。C' と C'' は積分定数です。これを整理して C' と C'' の定数項を右辺にまとめると

$$\frac{R}{C_V} \log V + \log T = 定数$$

となります。ここで対数の公式 $a \log b = \log b^a$ を使うと

$$\log V^{R/C_V} + \log T = 定数$$

です。さらに対数の足し算の公式 $\log a + \log b = \log ab$ を使うと

$$\log TV^{R/C_V} = 定数$$

となり、対数を指数関数に直すと

$$TV^{R/C_V} = e^{定数}$$

となります。e の定数乗も「ある定数」なので

$$TV^{R/C_V} = 定数$$

と書き直せます。これが断熱変化を表す式です。

定圧比熱と定積比熱の比を $\gamma \equiv C_P/C_V$ と定義し，(2-7) 式の $C_P = C_V + R$ の関係を使うと，R/C_V は，

$$\frac{R}{C_V} = \frac{C_P - C_V}{C_V}$$

$$= \frac{C_P}{C_V} - 1$$

$$= \gamma - 1$$

となります。そこで，これを使うと，

$$TV^{\gamma-1} = 定数 \qquad (2\text{-}8)$$

と書き直せます。

気体の状態方程式 $PV = RT$ を使って，左辺の T を消せば

$$\frac{PV}{R} V^{\gamma-1} = 定数$$

となり，右辺の定数に R をかけたものも「ある定数」なので

$$PV^{\gamma} = 定数 \qquad (2\text{-}9)$$

となります。これも断熱変化を表す式です。

(2-8) 式と (2-9) 式は断熱変化を表す関係式として，以前は高校の教科書にも載っていた重要な式ですが，その後の教育課程の改定で割愛されたものです。

ちなみに，単原子分子理想気体の場合は，後ほど第4章で見るように，

$$C_V = \frac{3}{2}R, \quad C_P = \frac{5}{2}R$$

となるので，$\gamma=5/3$ となります。したがって，

$$TV^{2/3} = 定数$$
$$PV^{5/3} = 定数$$

となります。

二原子分子理想気体では，$C_V = \frac{5}{2}R$，$C_P = \frac{7}{2}R$ です（$\gamma = \frac{7}{5}$）。

■高空での気温と断熱過程の意外な関係

この断熱過程は，エンジンだけでなく気象とも関係があります。エベレストでの気圧を求めたとき，気温が地表と同じ 0℃ であると仮定しました。しかし，実際には高度が上がるほど寒くなります。この高空になるほど寒くなるのは，**断熱膨張**のためです。

たとえば，赤道に近い砂漠地帯などでは，地面が太陽光によって熱せられると，地表近くの空気の固まりが熱をもらって膨張します。膨張すると，密度がまわりより低くなるので上昇します。この上昇は，暖められた空気が，まわりの空気と同じ密度になる高度まで続きます。

これは，熱をもらった空気の固まりが，まわりの空気を押しのける仕事をしながら膨張する過程です。空気の熱伝導はあまりよ

くないので、この過程は断熱膨張過程で近似できます。つまり、地表付近で暖められた空気の固まりは、上昇の過程で断熱膨張するので、内部エネルギーが減少して温度が下がるのです。

どの程度下がるのか、求めてみましょう。まず、高度 z と圧力 P の関係はすでに求めた (1-4) 式です。

$$\frac{dP}{P} = -\frac{gM/1000}{RT} dz \qquad (1\text{-}4)$$

これを高度 z と温度 T の関係の式に変えるには、左辺の圧力 P が消えればよいわけです。

断熱過程を表す (2-9) 式は、圧力と体積の関係を表していますが、これに気体の状態方程式を使うと、圧力と温度の関係の式に変わります。計算してみましょう。気体の状態方程式

$$V = \frac{RT}{P}$$

を (2-9) 式に代入して整理すると

$$P\left(\frac{RT}{P}\right)^{\gamma} = 定数$$

となります。さらに定数の項をすべて右辺に移すと

$$P^{1-\gamma} T^{\gamma} = 定数$$

となります。両辺を P で微分すると、右辺の定数の微分はゼロ

なので

$$\frac{d}{dP}(P^{1-\gamma}T^{\gamma})=0$$

となり，左辺の微分を計算して整理すると（途中は割愛しますが）

$$\frac{dP}{P}=\frac{\gamma}{\gamma-1}\frac{dT}{T}$$

となります。

これは圧力と温度の関係を表していて（1-4）式と左辺は同じなので

$$\frac{\gamma}{\gamma-1}\frac{dT}{T}=-\frac{gM/1000}{RT}dz$$

となります。微分記号を左辺にまとめると，

$$\frac{dT}{dz}=-\frac{\gamma-1}{\gamma}\frac{gM/1000}{R}$$

となります。空気が二原子分子理想気体であると仮定すると $\gamma=7/5$ なので，分子量 $M=29$ を代入すると右辺の値は -9.8 K/km となります。つまり，1 km 上昇すると約 10°C 下がるというわけです。

実際はどうかというと，1 km 上昇すると 6.5°C ぐらいの低下

で，計算値より小さくなっています。これは，上昇によって温度が下がると空気中に含まれている水蒸気が水や氷になり，その際に熱が放出されて空気を暖めるためです。先ほどの乾燥した空気の温度の低下の割合は，乾燥断熱減率（＝9.8℃/1000 m）と呼ばれますが，水蒸気も含んだ普通の空気の場合は，気温減率（＝6.5℃/1000 m）と呼ばれます。また，水蒸気が飽和に達して今にも雲ができそうな空気の場合は，湿潤断熱減率と呼ばれます。この場合は，水蒸気が水や氷になる際の熱の放出量が大きいため，温度低下も小さくなって，5℃/1000 m ぐらいです。

気温減率は，1 km あたり 6.5℃なので，海抜 0 m の地表の温度が 20℃であっても，8000 m 級の山の気温は−32℃となり，高度 1 万 m では，−45℃になります。エベレストの山頂は極めて寒いし，ジェット旅客機の巡航高度の 1 万 m もものすごく寒いということがわかります。

■カルノーサイクル

さて，ここからいよいよカルノーサイクルの説明です。カルノーサイクルは図 2-8 のようなもので，2 つの等温過程（A→BとC→D）と，2 つの断熱過程（B→CとD→A）をつないだものです。この P-V 図上でサイクルを時計回りに回ると，この線に囲まれた部分の面積が，熱機関がした正味の仕事になります。

カルノーサイクルを考えるために，図 2-8 のようなピストン・シリンダーを使った熱機関を考えましょう。シリンダーの内部に

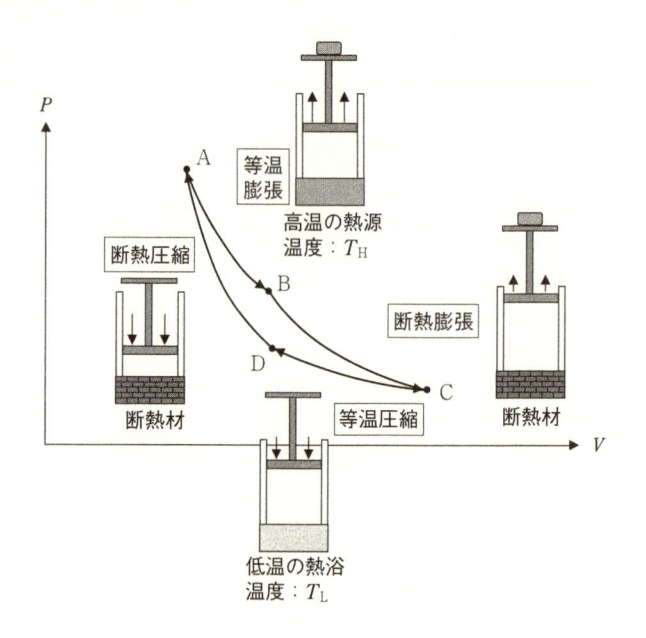

図2-8 カルノーが考えた理想サイクル「カルノーサイクル」

は理想気体が入っていて、シリンダーに接するものが、「高温の熱源」「断熱材」「低温の熱浴」に切り替わる構造になっています。また、この切り替えの際には気体は外に漏れないものとします。

A→Bの区間では、シリンダーに高温の熱源が接していて、気体は暖められると膨張して、ピストンを押し上げます。この状態Aから状態Bの変化は、温度 T_H の高温の熱源に接した等温膨張です。温度は一定なので、気体の内部エネルギーも一定です。一方で気体は膨張によって仕事をしています(等温膨張過程)。

この間の仕事は，熱源からもらった熱 ΔQ によって行われます。つまり，高温の熱源からもらった熱のエネルギーを，すべて（膨張による）仕事に変える過程です。

次にBのところで，シリンダーに接するものは，高温の熱源から断熱材に置き換えます。B→Cの過程は断熱膨張過程です。外から熱はもらっていないので，膨張による仕事は気体の内部エネルギーの減少によるものです。この間に，気体の内部エネルギーは減るので，気体の温度は下がります。状態Bでの温度は高温の T_H ですが，状態Cでは温度 T_L に下がります。

次にCのところでは，ピストンは上昇から転じて下がり始めます。シリンダーは，温度 T_L の低温の熱浴に接しています。C→Dでは，ピストンが下がるときの仕事は，気体の内部エネルギーに変わります。断熱過程であれば，温度が上昇するのですが，熱浴に接した等温過程であるため，熱は熱浴へ逃げていきます。この過程は，体積が圧縮されるので等温圧縮過程です。C→Dの過程では，外から加えられた仕事によるエネルギーは，熱となって外へ逃げていきます。したがって，内部エネルギーは増加しません。

最後にD→Aのところでは，再び断熱過程になります。ここでは体積が小さくなるので，断熱圧縮過程です。外と熱のやりとりはないので，外からの仕事によって圧縮されると，圧縮によっ

て仕事をされたエネルギー分だけ温度は上がります（＝内部エネルギーは増加します）。

これで一周しました。このサイクルがカルノーサイクルです。この1サイクルで、外に対してした仕事は図2-9の左の図の面積の部分で、外からされた仕事は真ん中の図の面積の部分です。したがって、1サイクルで外に対してした正味の仕事は、図2-9の右の図の閉曲線で囲まれた面積になります。

外に対してした仕事 － 外からされた仕事 ＝ 1サイクルで外に対してした正味の仕事

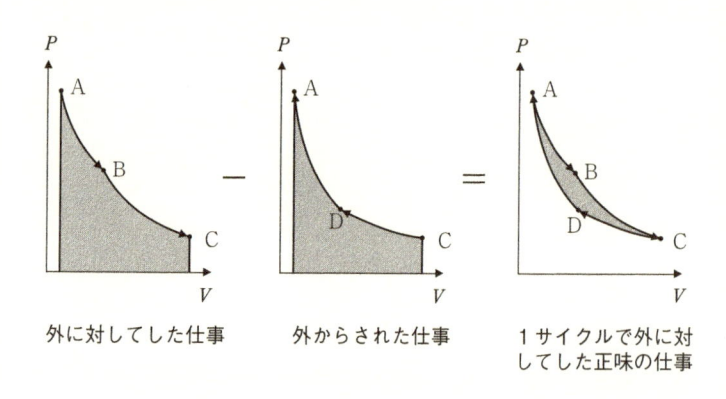

図2-9　カルノーサイクルの正味の仕事

カルノーサイクルの特徴の一つは、この4つの過程がすべて**可逆過程**であることです。後で説明するように可逆過程で構成されているということは、摩擦がないことを意味するので、効率面ではエンジンの理想的な姿になっています。「理想的」という意味

には、「これ以上望めないほど最良の状態である」という意味と、「現実には絶対実現できない」という2つの意味があります。この理想と現実のギャップを埋めるのが、工学(エンジニアリング)の使命であり、そこに面白さがあります。

■カルノーサイクルでした仕事

このカルノーサイクルでの熱のやりとりと仕事の関係を詳しく見てみましょう。まず、A→Bの等温膨張過程で外からもらった熱量 $\varDelta Q_{AB}$ と、外にした仕事 W_{AB} を計算してみましょう。先ほど見たように、ここではもらった熱エネルギーをすべて仕事に変えるので、この両者は同じで、$\varDelta Q_{AB} = W_{AB}$ です。

体積を V_A から V_B に膨張させたときに気体が外部にする仕事 W_{AB} は、仕事 PdV のAからBへの積分なので

$$W_{AB} = \int_{V_A}^{V_B} PdV$$

です。気体の状態方程式を使って書き換えると、

$$W_{AB} = nRT \int_{V_A}^{V_B} \frac{dV}{V}$$

となります。温度は一定で T_H です。これを積分すると

$$=nRT_{\mathrm{H}}\int_{V_{\mathrm{A}}}^{V_{\mathrm{B}}}\frac{dV}{V}$$

$$=nRT_{\mathrm{H}}[\log V]_{V_{\mathrm{A}}}^{V_{\mathrm{B}}}$$

$$=nRT_{\mathrm{H}}(\log V_{\mathrm{B}}-\log V_{\mathrm{A}})$$

$$=nRT_{\mathrm{H}}\log\left(\frac{V_{\mathrm{B}}}{V_{\mathrm{A}}}\right) \qquad (2\text{-}10)$$

となります。これが、外からもらった熱量 $\varDelta Q_{\mathrm{AB}}$ であり、この間（A → B）に外にした仕事 W_{AB} であるわけです。

次に、C → D の過程を考えてみましょう。ここでは外からされた仕事 W_{CD} によって、気体は圧縮されますが、この仕事によって増加するエネルギーはそのまま外に熱 $\varDelta Q_{\mathrm{CD}}$ として放出されます。この仕事 W_{CD} は、先ほどの A → B の過程と同様にして求められて、

$$W_{\mathrm{CD}}(=\varDelta Q_{\mathrm{CD}})=nRT_{\mathrm{L}}\log\left(\frac{V_{\mathrm{D}}}{V_{\mathrm{C}}}\right) \qquad (2\text{-}11)$$

となります。$V_{\mathrm{C}}>V_{\mathrm{D}}$ なので対数は負になり、この仕事はマイナスの値になります。

次に B → C の過程ですが、このときは外と熱のやりとりはないので、膨張によってする仕事は、気体の内部エネルギーの減少によるものです。以前見たように理想気体の内部エネルギーは温度だけによって決まります。定積比熱 C_V を使うと、(2-5) 式から $\varDelta E=C_V\varDelta T$ の関係が成り立つので、減少した内部エネルギ

―は

$$C_V(T_H - T_L)$$

と表せます。これは理想気体がこの間に使ったエネルギーです。

最後にD→Aの過程では,断熱圧縮が起こり,外からされた仕事によって気体は圧縮され,温度は上がります。ここも理想気体の内部エネルギーが温度だけによって決まるのは同じなので,その変化分は,

$$C_V(T_L - T_H)$$

となります。

したがって,理想気体はB→Cの過程で $C_V(T_H - T_L)$ の熱エネルギーを使い,D→Aの過程で $C_V(T_H - T_L)$ の熱エネルギーをもらったことになります。つまり両者の和は差し引きゼロで,断熱膨張で使った熱量は,そのまま断熱圧縮で取り戻しているわけです。

とすると,この1サイクルの間に,気体がした仕事は,

$$W_{AB} + W_{CD} = nRT_H \log\left(\frac{V_B}{V_A}\right) + nRT_L \log\left(\frac{V_D}{V_C}\right)$$

になります。$V_B > V_A$ で $V_C > V_D$ なので,第1項は正であり,第2項は負です。

■体積 V_A, V_B, V_C, V_D の間の関係

断熱過程 B→C と D→A で，断熱過程を表す (2-8) 式を利用すると体積について重要な関係が得られます。

$$TV^{\gamma-1}=定数 \qquad (2\text{-}8)$$

これを B→C や D→A の断熱過程に適応すると，A，B の温度は T_H，C，D の温度は T_L なので，

$$T_H V_B{}^{\gamma-1} = T_L V_C{}^{\gamma-1} \quad と \quad T_L V_D{}^{\gamma-1} = T_H V_A{}^{\gamma-1}$$

の関係になります。それぞれをまとめると

$$\frac{T_H}{T_L}=\left(\frac{V_C}{V_B}\right)^{\gamma-1} \quad と \quad \frac{T_H}{T_L}=\left(\frac{V_D}{V_A}\right)^{\gamma-1}$$

となります。この両式の左辺は同じなので，

$$\frac{V_C}{V_B}=\frac{V_D}{V_A}$$

$$\therefore \frac{V_A}{V_B}=\frac{V_D}{V_C} \qquad (2\text{-}12)$$

の関係が成り立つことがわかります。この関係はこの後カルノーサイクルの効率の計算で役に立ちます。

■カルノーサイクルの効率

このカルノーサイクルの効率を考えてみましょう。熱機関の**熱**

効率 η は次の式で定義します。

$$\text{熱効率} \quad \eta = \frac{\text{外部にした正味の仕事}}{\text{高温の熱源からもらった熱}} \quad (2\text{-}13)$$

このカルノーサイクルでは，C→Dの過程で外からされた仕事を熱として外部に戻しています。なので，熱効率の式の分母は，「高温の熱源からもらった熱」ではなく，

高温の熱源からもらった熱－低温の熱浴に戻した熱

であるべきと考える方もいらっしゃるでしょう。分母を「高温の熱源からもらった熱量」に限定するのは，この熱機関だけに注目して考えると，C→Dで戻す熱量は利用されないで捨てられているからです。

この捨てた熱量を有効に利用するには，別の熱機関を利用することなどが考えられますが，この後すぐに見るように，熱機関では熱源の温度が下がるほど，熱から力学的エネルギーに変換できるエネルギーは減っていくので一般に効率は悪くなります。

このカルノーサイクルの効率を求めるためには，外部にした正味の仕事や，高温の熱源からもらった熱を計算する必要があります。それを次に考えてみましょう。

(2-13)式の熱効率の分母は「高温の熱源からもらった熱量」であり，分子は仕事でした。すでに見たように，高温の熱源からもらった熱量 ΔQ_{AB} は，そのまま仕事 W_{AB} に変わりました。したがって，熱効率は，

$$\eta = \frac{W_{AB} + W_{CD}}{\varDelta Q_{AB}}$$

$$= \frac{W_{AB} + W_{CD}}{W_{AB}}$$

$$= 1 + \frac{W_{CD}}{W_{AB}}$$

となります。これに，(2-10) 式と (2-11) 式を入れると

$$\eta = 1 + \frac{nRT_L \log\left(\frac{V_D}{V_C}\right)}{nRT_H \log\left(\frac{V_B}{V_A}\right)}$$

となります。ここで (2-12) 式を使うと

$$= 1 - \frac{T_L \log\left(\frac{V_B}{V_A}\right)}{T_H \log\left(\frac{V_B}{V_A}\right)}$$

$$= 1 - \frac{T_L}{T_H} \qquad (2\text{-}14)$$

となります。これが，カルノーサイクルの効率です！

このカルノーサイクルの効率の式は，熱サイクルのおもしろい関係を教えてくれます。まずその1つは，効率が高温の熱源と低温の熱浴の2つの温度だけで決まるということです。また，$T_H > T_L > 0$ なので，**効率は必ず1より小さくなります。**

さらに，効率については100%に近づけるためには $T_L \to 0$ で

ある（限りなく絶対零度に近い）か，$T_H \gg T_L$ である（高温の熱源と低温の熱浴の温度差が非常に大きい）必要があることがわかります。$T_L \to 0\,\mathrm{K}$ の熱機関は，常温（＝気温）の環境下で使うのは現実的ではなく，ふつうの環境で使うと T_L の下限が常温になります。したがって高温と低温の温度差が大きい $T_H \gg T_L$ の関係をめざす必要があります。この**「高温の熱源と低温の熱浴の温度差が大きいほど，効率の良い熱機関である」**ということは，熱機関を設計する際の重要な指導原理です。

■様々なエンジンの効率

歴史上の熱機関では，ニューコメン機関の熱効率が1％以下であり，初期の蒸気機関が数パーセントでした。ガソリンエンジンの効率は20％ぐらいです。ということは，現在の最先端のガソリンエンジンでも，残りの80％は熱として捨てられていることになります。読者のみなさんも80％も捨てるとは無駄が多いと感じることでしょう。このことからエンジンは，動力を取り出すことより，暖房機としての性能が優れているということがわかります。

すなわち，エンジンは排熱によってすぐに熱くなってしまうのです。ほうっておくと，エンジンを構成する金属すら溶けてしまいます。このため，エンジンは，常に冷やす必要があります。エンジンを冷やすには，エンジンに風（空気）をあてて冷やす空冷と，水などの液体で冷やす水冷があります。現在の自動車エンジンは水冷です。カルノーサイクルで学んだように，高温の熱源の

温度が高いほど,熱効率は上がるので,ジェットエンジンなどでは,熱に強い特殊な金属の開発が続いています。

身近な熱機関の中で,効率の高いものとしては,ディーゼルエンジンがあります。ディーゼルエンジンの効率はガソリンエンジンより高く,40%に達するものまであります。環境を重視するヨーロッパではかなり普及していますが,加速性能などがガソリンエンジンより少し劣るため,アメリカや日本では,それほど普及していません。現在,最も効率の高い熱機関でも,筆者の知りうる限りでは,効率50%に達していません。燃料を燃やしても半分は熱として逃げて無駄になってしまうのです。

ちなみに,人間などの動物の生命活動の効率は25%ぐらいです。人間が運動するとすぐに熱くなって汗が出るのは,捨てられる熱のせいです。

■地球温暖化との闘い

地球の温暖化を防ぐには,さまざまな熱機関の効率を上げる必要があります。温暖化に関与するガスの排出を抑えるとともに,余計な熱の排出も抑える必要があります。

効率を上げるアプローチには2つあります。1つは,できるだけ効率を上げて,カルノーサイクルに近い理想の熱機関を作ることです。もう1つは,低温の熱浴に捨てていた熱を再利用することです。

熱を再利用する方法の1つには,**コンバインド(複合)サイクル発電**があります。発電所では,発電機を回す動力を得るため

第2章 夢のエンジン

に，蒸気タービンやガスタービンを使っています。タービンとは，気体が流れることによって回転する羽根車のことです。蒸気タービンは蒸気の流れによってタービンが回転し，ガスタービンはガスの流れによってタービンが回転します。ガスタービンによる発電は，一種のジェットエンジンを使っていると考えればよいでしょう。飛行機のジェットエンジンは，推進力として使われるジェット噴射のかなりがそのまま空気中に放出されます。発電所のガスタービンは，このジェット噴射のエネルギーをできるだけガスタービンによって回転する動力に変えて，発電機を回します（図 2-10）。

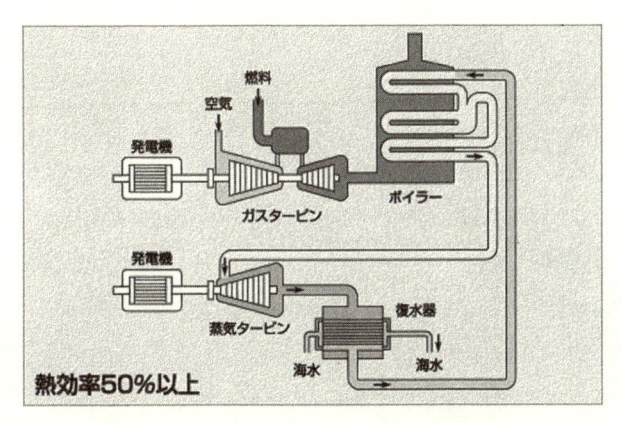

図2-10　コンバインドサイクル発電の概念図
三菱重工業株式会社HPより

このときガスタービンを熱機関として考えると，カルノーサイクルで学んだように，高温の熱源と低温の熱浴の温度差が大きいほど効率が良いことがわかります。このため，燃焼ガスの温度を上げる努力が続けられています。しかし，あまり高温だと金属製のタービンの羽根が溶けてしまいます。最新のガスタービン発電では，1300℃から1500℃という極めて高温のガスが使われていて，エネルギーの約40％を電力に変えられます。しかし，残りの60％は排出ガスとして流れてしまいます。

　この排ガスはまだまだ発電に使えるぐらい高温なので，コンバインドサイクル発電では，この排ガスの熱を使って蒸気を発生させて蒸気タービンを回します。蒸気タービン単独やガスタービン単独では，40％程度の効率であったものが，この2つを結合する（コンバインド）ことによって，50％を超える効率が得られます。効率40％のものが50％以上になるということは，2割以上の効率の改善（燃費が2割良くなる）なので，大変大きな効果です。

　熱の再利用のもう1つの例は，**コジェネレーション**です。通常，発電所は工場などから遠いところにあります。したがって，発電の際に発生する熱の約半分は捨てられてしまいます。それに対して，コジェネレーションは，工場やビルなどに発電機を設置して電力を得ます。そして発電の際に発生する熱を使って，ボイラーで蒸気を発生させて工場の生産設備の動力や冷暖房に利用するのです。

　従来捨てられていた熱を利用するので，トータルの熱効率は原理的には向上します。しかし，設備の設置や維持にお金がかかる

ことと，工場やビルのエネルギー消費量に無駄が生じないよう適切な規模の設備を選択する必要があるなど，経済的な効率が上がるかどうかは，ケースバイケースで適切な検討を要するようです。

■可逆過程と不可逆過程

カルノーサイクルの特徴は，サイクルを逆回転（左回り）することも可能な点です。D→CやC→Aのような逆方向に動かして元と同じ状態に戻る過程を**可逆過程**と呼びます。

熱機関のサイクルの中の過程が可逆であるかどうか判断するポイントの1つは，「摩擦」があるかどうかです。摩擦によって物体の運動エネルギーは熱エネルギーに変わります。たとえば，車や自転車のブレーキを使うとスピードは落ち（＝運動エネルギーは減少し），同時にブレーキは摩擦による熱を持ちます。しかし，この「摩擦熱になってしまったエネルギー」を「車や自転車の動力（運動エネルギー）」に戻すことはできません。このように，摩擦は「可逆な過程」ではないのです。この**「摩擦が不可逆過程である」**ということを**熱力学の第2法則**と呼びます。熱力学の第2法則は，不可逆過程を支配する法則なのです。

カルノーサイクルが「可逆である」ということは，もし，カルノーサイクルを実現する機械が世の中にあったとすると，その機械には摩擦によるエネルギーの損失がないということになります。

現実の熱機関には，摩擦があるわけですから，実際に外にでき

る仕事は，摩擦の分だけ損失があります。したがって，カルノーサイクルと同じ温度 T_H と T_L の熱源に接して働く熱機関があったとしても，そこから取り出せる仕事は摩擦による損失分だけカルノーサイクルより少なくなります。つまり，現実の熱機関の効率は，カルノーサイクルの効率より必ず悪くなります。

現実の（不可逆な）熱機関の効率＜カルノーサイクルの効率

(2-15)

したがって，カルノーサイクルは現実には存在しない，最も効率の良い夢の（理想の）エンジンであるということがわかります。

■カルノーサイクルを逆回転したら？

右回りのカルノーサイクルは，高温の熱（の一部）を仕事として使い，残りの熱を低温部に捨てるというサイクルでした。手短かに言うと，熱の移動から仕事を生み出しているわけです。

このカルノーサイクルは可逆回転なので，この反対方向に回転することも可能です。反対方向の動きを見ると，低温部から熱をもらい，高温部に熱を捨てるサイクルになります。この1サイクルの間に，P-V 図のサイクルの内側の面積に相当する仕事を加える必要があります。つまり，端的に言うと，仕事を熱の移動に変えていることになります。この逆回転のサイクルでは，低温部から高温部に熱（ヒート）をくみあげる（ポンプ）ことができるので，これを**ヒートポンプ**と呼びます。

第2章 夢のエンジン

　このヒートポンプの原理は,読者のみなさんの身近なところで活躍しています。そう「エアコン」のことです。

　夏は,逆カルノーサイクルの高温部を戸外とし,低温部を家の中に置くと,家の中の熱を奪って外に捨てることになります。すなわち,家の中は冷却されるわけです。もっとも,熱は家の外に捨てられるので,周りは暑くなります。

　冬は,高温部を室内に置き,低温部を室外に置けば,部屋は暖まるというわけです。これが,日本の家庭のほとんどで使われているエアコンの原理です。

　ヒートポンプを使った冷房では,室外機は熱を外にどんどん捨てるので,家の周りは暖かくなります。しかし,室内と室外の空間の大きさを比べると,(通常は)室外の容積の方がはるかに大きいので,以前は室外の温度上昇はあまり気にしないですみました。

　しかし,人口の多い都会でおびただしい数のオフィスや家庭のエアコンが戸外に熱を捨てると,それはもはや無視できる範疇に入らなくなります。エアコンが捨てた熱で周りが暑くなるので,さらにエアコンを使うオフィスや家庭が増えます。その結果,都市全体がさらに暑くなるという現象を生じま

撮影/石引卓(本社写真部)

す。これが東京や大阪の夏の猛暑や熱帯夜に象徴される**ヒートアイランド現象**の原因の一つになっています。

夏に冷房温度を低く設定しないようにと，政府が要請するのは，単にそのオフィスや家の電気エネルギーの節約のためだけでなく，それらのエアコンが周りに捨てる熱の影響を小さくするためです。

現在，ヒートアイランド現象だけでなく，全地球規模での温暖化が大きな問題になっています。このグローバルな問題でも，熱力学の活躍が期待されています。

さて，第2章では，「夢のエンジン＝カルノーサイクル」について学びました。カルノーサイクルはエンジンの理想型として，このようにエンジンの効率やヒートポンプなどの重要な知識を与えてくれました。次章ではいよいよ熱力学の理解で最も重要な概念であるエントロピーについて学びます。

全微分

高校の数学で習わないものの一つに「偏微分」がありますが，もう一つ習わないものに「全微分」というものがあります。ここでは，その全微分を見ておきましょう。

変数が x と y の2つある関数 f を考えます。この関数の値を z として

第2章 夢のエンジン

$$z=f(x,y)$$

と書きます。x と y を少しずつ Δx と Δy だけ動かしたときの z の変化 Δz は，次の図のように，この2つの変化を使って，

$$\Delta z=\frac{\partial f(x,y)}{\partial x}\Delta x+\frac{\partial f(x+\Delta x,y)}{\partial y}\Delta y \qquad (2\text{-}16)$$

と表せます。ここでは点 (x,y) から始めて，左回りにまず Δx による変化を右辺の第1項で表し，次に点 $(x+\Delta x,y)$ か

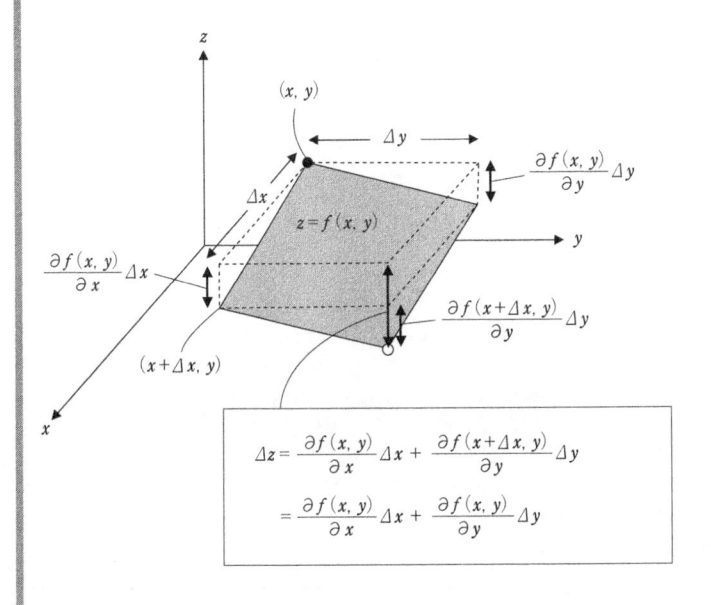

$$\Delta z = \frac{\partial f(x,y)}{\partial x}\Delta x + \frac{\partial f(x+\Delta x,y)}{\partial y}\Delta y$$
$$= \frac{\partial f(x,y)}{\partial x}\Delta x + \frac{\partial f(x,y)}{\partial y}\Delta y$$

全微分

ら Δy 変化したときの変化分を第2項で表しているわけです。

ここで，Δx が非常に小さいと，次のように座標 (x,y) と $(x+\Delta x, y)$ で y 方向の傾きは同じと考えてよいでしょう。

$$\frac{\partial f(x+\Delta x, y)}{\partial y} = \frac{\partial f(x,y)}{\partial y}$$

よって，(2-16) 式は，

$$\Delta z = \frac{\partial f(x,y)}{\partial x} \Delta x + \frac{\partial f(x,y)}{\partial y} \Delta y$$

と表せます。この関係を全微分と呼びます。

微分記号で書くと

$$dz = \frac{\partial f(x,y)}{\partial x} dx + \frac{\partial f(x,y)}{\partial y} dy$$

です。

全微分の一例として，$f(x,y) = xy$ を考えると，

$$dz = \frac{\partial (xy)}{\partial x} dx + \frac{\partial (xy)}{\partial y} dy$$
$$= y dx + x dy$$

となります。

第3章 エントロピーって何だ?

■エントロピーの登場

カルノーサイクルには「効率が良い」という以外にも秘密があります。カルノーサイクルの P-V 図をもう一度にらんでみましょう。何か見つかるでしょうか。秘密を見つけたのはドイツのクラウジウス (1822〜1888) でした。クラウジウスは1843年にベルリン大学を卒業し, 1847年にハレ大学で博士号を取りま

クラウジウス (1822〜1888)

した。その後, ドイツやスイスの教授職を歴任しました。彼の発見はカルノーサイクルの公表から30年以上後のことでした。

クラウジウスは, 等温膨張過程 A → B でもらった熱量 $\varDelta Q_{AB}$ をそのときの(絶対)温度 T_H で割った量 $\varDelta Q_{AB}/T_H$ と, 等温圧縮過程 C → D で失った熱量 $\varDelta Q_{CD}$ を温度 T_L で割った量 $\varDelta Q_{CD}/T_L$ を比べると, 両者は,「もらう」と「失う」で符号は違うもの

の，絶対値は同じであることに気づいたのです。先ほど求めた $\varDelta Q_{AB}$（$=W_{AB}$）と $\varDelta Q_{CD}$（$=W_{CD}$）を足し合わせてみましょう。

$$\begin{aligned}\frac{\varDelta Q_{AB}}{T_H}+\frac{\varDelta Q_{CD}}{T_L} &= \frac{nRT_H \log\left(\frac{V_B}{V_A}\right)}{T_H}+\frac{nRT_L \log\left(\frac{V_D}{V_C}\right)}{T_L} \\ &= nR \log\left(\frac{V_B}{V_A}\right)+nR \log\left(\frac{V_D}{V_C}\right) \\ &= nR \log\left(\frac{V_B}{V_A}\right)-nR \log\left(\frac{V_B}{V_A}\right) \\ &= 0 \end{aligned}$$

このように，A→BとC→Dの $\varDelta Q/T$ を足すとゼロになるのです。残りのB→CとD→Aの過程は断熱過程なので，周りとの熱のやりとりはありません（$\varDelta Q=0$）。したがって，$\varDelta Q/T$ の和はゼロです。ということでカルノーサイクルを1サイクル（1周）にわたって $\varDelta Q/T$ を足し算するとゼロになるということがわかりました。したがってカルノーサイクルを1周すると Q/T は保存されている（元の値に戻る）ということになります。

カルノーサイクルに限らず，可逆な過程だけで構成されるサイクルを1周すると，その1周の積分はゼロになります。これがクラウジウスが見つけた関係です。式で書くと

$$\oint \frac{dQ}{T}=0 \qquad (3\text{-}1)$$

となります。積分記号についた○は1周分の閉じたサイクルの積分（閉積分）を表します。

この Q/T は熱とは異なる何かの変化を表す量ということで，1865年にクラウジウスはギリシア語の tropy（変化）を使って entropy（**エントロピー**）と命名しました。エントロピーは記号 S で表します。式で書くと

$$dS = \frac{dQ}{T} \quad (3\text{-}2)$$

です。この式は可逆過程にのみ成り立っています。

なお，1サイクルの中に不可逆過程が入る場合は（3-1）式は成立せず，閉積分は負になります。この関係をクラウジウスの不等式と呼びます（興味のある読者は付録を参照してください）。

■エントロピーは増えたり減ったりする

可逆過程であるカルノーサイクルでどのように気体のエントロピーが変化したかを詳しく見てみましょう。

まず，A→Bは，外と熱のやりとりがある等温膨張過程でした。熱は高温の熱源から流入して増えたので

$$\text{A→Bのエントロピーの変化} = \int \frac{dQ}{T_H} = \frac{\Delta Q_{AB}}{T_H} > 0$$

であり，エントロピーは増大しました。

次に B→C は，断熱過程で外と熱のやりとりがない（$dQ=0$）

ので

$$\text{B→Cのエントロピーの変化}=\int \frac{dQ}{T}=0$$

で，エントロピーは変化しませんでした。

C→Dは，等温圧縮過程で外に熱を放出したので

$$\text{C→Dのエントロピーの変化}=\int \frac{dQ}{T_L}=\frac{\varDelta Q_{CD}}{T_L}<0$$

で，エントロピーは減少しました。

最後に，D→Aの過程は，断熱過程（$dQ=0$）なのでエントロピーの変化はゼロでした。

そして最終的には，先ほど見たようにA→BとC→Dの過程のエントロピーの変化がお互いにキャンセルして，一周回るとエントロピーの変化はゼロだったわけです。

このように可逆過程では，「外と熱のやりとりをする等温過程ではエントロピーは増えたり減ったり」し，「断熱過程であれば変化しない」ということになります。

■エントロピー増大の法則

さて，熱力学や統計力学を少しかじったことのある人が，おそらく聞いたことのある法則に**エントロピー増大の法則**というものがあります。この法則の名前はかなり有名なので，エントロピーは常に増大するものと誤解している人も少なくないようです。実

際には,先ほどのカルノーサイクルで見たように,外と熱のやりとりがある可逆過程では,エントロピーは増えたり減ったりします。また,断熱可逆過程ではエントロピーは変化しません。このように,エントロピーはいつも増大するというわけではありません。

このエントロピー増大の法則が成り立つのは,次の2つの条件が同時に成り立つ場合であることを,クラウジウスは明らかにしました。条件の1つは,**外と熱のやりとりのない断熱過程であること**,そしてもう1つは,**不可逆過程であること**です。つまり「**断熱の不可逆過程が起こると,必ずエントロピーは増える**」というのが,エントロピー増大の法則です。別の表現では「**断熱の不可逆過程は,エントロピーが増大するように進行する**」とも言えます。式で書くと

$$dS > 0 \quad (不可逆な断熱過程の場合)$$

です。カルノーサイクルは可逆過程なので,エントロピー増大の法則とは無縁なのです。このエントロピー増大の法則は自然現象の観察によって,経験的に導かれた法則(経験則)です。

■熱は熱いところから冷たいところへ流れる

不可逆な断熱過程と言っても,ピンと来ない方がほとんどだと思われるので,その一例を見てみましょう。熱が熱いところから冷たいところへ流れるのはみなさんも日常よく経験していることでしょう。たとえば,カップの熱いコーヒーがやがて冷めてしまう現象はその一例です。コーヒーの熱の一部はカップを通じてテ

ーブルに逃げていき，他の経路ではコーヒーから空気にも逃げていきます。逆に，冷めたコーヒーをテーブルに置いておいたら，知らないうちにコーヒーがまわりの空気やテーブルの熱を取り込んで熱くなっていたなどという経験をした人は皆無でしょう。このように熱が高温から低温にむかって流れるというのは，一方通行の不可逆な現象です。

この熱が伝わる現象を，**熱伝導**と呼びます。ここでは熱伝導でエントロピーがどのように変わるか考えてみましょう。問題を簡単にするために，温度が異なる固体AとBの接触について考えることにします。固体Aの温度は高温の T_H で，固体Bの温度は低温の T_L です。この2つを外からまったく孤立した断熱系の環境の中で接触させたとしましょう。この場合，気体ではないので固体AからBへの原子の移動は起こらず，熱だけが移動することを考えます。このとき，私たちの経験が教えるところでは，熱は温度が高いところから低いところに流れるので，固体Aの熱はBに流れ，やがて両者の温度は一致して平衡状態になります。この「熱は温度の高いところから低いところへ流れる」という経験則も**熱力学の第2法則**と呼びます。

接触によって固体AからBにわずかな熱量 ΔQ が移動した状況を考えましょう。この熱の移動による固体Aのエントロピーの変化は，$-\Delta Q/T_H$ です。一方，固体Bのエントロピーの変化は $\Delta Q/T_L$ です。

よって，両者のエントロピーの変化は

$$\Delta S_\mathrm{A} + \Delta S_\mathrm{B} = -\frac{\Delta Q}{T_\mathrm{H}} + \frac{\Delta Q}{T_\mathrm{L}}$$

$$= \Delta Q \frac{T_\mathrm{H} - T_\mathrm{L}}{T_\mathrm{H} T_\mathrm{L}}$$

となります。$T_\mathrm{H} > T_\mathrm{L}$ なのでこの値は常に正であり，エントロピーは増大します。

このように断熱系で熱伝導という不可逆過程が起こるとエントロピーは増大するのです。

■熱力学の第2法則は二十面相

熱力学の第2法則にはいろんな表現があります。このため，熱力学を学ぶ人間を混乱の迷宮に導くことになります。教科書や参考書でよく使われている表現を列挙してみましょう。

- 摩擦は不可逆である
- 熱は高温から低温に流れる
- 熱から仕事を取り出して，それ以外に何の変化も起こらないようにはできない
- エントロピー増大の法則

このように複数の表現があります。

このうち，「熱から仕事を取り出して，それ以外に何の変化も起こらないようにはできない」ということは，摩擦の場合にあてはめると，「摩擦熱から仕事だけを取り出すことはできない＝摩擦は不可逆である」ということと同じ意味であることがわかりま

す。また、熱が高温から低温に流れるとエントロピーが増大することは、先ほど示しました。これらの1つが正しければ、他も正しいことを説明できます（本書では一々の証明は割愛します）。

一見すると、表現がたくさんあるので混乱しそうになるかもしれません。しかし、落ち着いて見てみると、エントロピーという言葉に馴染みが薄い「エントロピー増大の法則」を除いた3つは、私たちが日常生活でも体験している**熱の不可逆性**を表しているものにすぎません。常識的に考えれば間違える可能性はないので「熱力学の第2法則」という名前に驚かないようにしましょう。

■熱力学の番外法則

外からエネルギーや動力を供給しなくても動き続ける機関を、永久機関と呼びます。永久機関などというと昔の話のように思いがちですが、今でも永久機関の発明に成功したと名のりを上げる発明家がいるようです。

永久機関には、熱力学の第1法則に反するものと、熱力学の第2法則に反するものがあります。熱力学の第1法則は、「エネルギー保存の法則」を表すので、その永久機関がエネルギー保存則に反していないかどうかをチェックすれば、見破ることができます。また、熱力学の第2法則は、「熱の不可逆性」を表すので、不可逆な熱の移動を動力源にしていないかどうかが、見破るポイントになります。

現実には、永久機関は存在しないのですが、この種の発明がな

くならないのは，発明家が熱力学を理解していないことに原因があります。これらの発明家が特許を申請しても，審査官が（当然ながら）熱力学の知識を持っているので，多くの場合は，特許は認められないことになります。ただし審査官も人間なので，ごくたまにチェックミスによって特許を認めてしまうことがあるかもしれません。しかし，万一認められたとしても，熱力学の法則に反しているので，実用になることは絶対にありえません。問題は，そのような発明者が，知識のない一般の人々から発明を実用化するための出資金等をつのる場合です。つぎこまれたお金は，実現できない発明や，その他の何かの用途に食い潰されて消えていくことになります。

「永久機関は存在しない」を**熱力学の番外法則**としておきましょう。

■自由エネルギー

1882年に，ドイツのベルリン大学の教授ヘルムホルツ（1821～1894）は，エントロピーが関係する重要な物理量に気付きました。その物理量の発見は，「内部エネルギーからどれだけ仕事を取り出せるか？」という疑問に端を発しています。

まず，熱力学の第1法則を書いてみます。内部エネルギー E の変化は熱量 Q のやりとりか仕事 W のやりとりによるというものでした。式で書くと

$$dE = dQ - dW$$

$$= dQ - PdV$$

です。エントロピー S が導入されたので，これを使ってこの式を書き直してみましょう。すると，(3-2) 式より

$$dE = TdS - PdV$$

となります。

等温過程を考えましょう。先ほどの式の外に対する仕事 PdV に注目して，左辺に PdV を移してみましょう。すると，

$$PdV = TdS - dE$$

となります。等温過程は温度が変化しないので $dT = 0$ です。そこで，右辺に $SdT = 0$ を加えます。ゼロを足すので

$$PdV = SdT + TdS - dE$$

となります。変数が 2 つあるときの全微分の関係

$$d(xy) = \frac{\partial(xy)}{\partial x} dx + \frac{\partial(xy)}{\partial y} dy$$

$$= xdy + ydx$$

を変数 S と T に使うと

$$PdV = SdT + TdS - dE$$
$$= d(ST) - dE$$

と書き換えられます。これをさらにまとめると

$$PdV = -d(E-TS) \quad \text{ただし等温過程の場合}$$

となります。

この式は、等温過程で外への仕事（左辺）として使えるのは、「内部エネルギー E から TS という量を引いたもの（右辺）」であることを示しています。つまり $E-TS$ は等温過程で自由に利用できるエネルギーを表しています。そこでヘルムホルツはこれを**自由エネルギー**

$$F \equiv E - TS$$

と呼ぶことにしました。「ヘルムホルツの」という注釈が付くのは、他にギブズの自由エネルギーというものもあるからです。この式から、等温（可逆）過程ではエントロピーが大きいほど取り出せる仕事は小さくなるということがわかります。つまり、エントロピーは「使えるエネルギー」の大小も左右することになります。

このヘルムホルツの自由エネルギーに関わる重要な原理があります。それは自由エネルギー最小の原理と呼ばれているものです。この原理は、「等温過程で体積が一定の場合には、ヘルムホルツの自由エネルギーが最小の状態が安定である」というものです。少し後で説明します。

もう一つのギブズの自由エネルギー G は、

$$G \equiv E - TS + PV$$

で定義されています。ヘルムホルツの自由エネルギーに PV が余計についています。こちらは，等温等圧の場合の自由エネルギー最小の原理に関係する重要な物理量です。

ギブズ（1839〜1903）は，1863年にアメリカのエール大学で博士号を取得した後，数年間のヨーロッパ留学を経て，1871年からエール大学の教授を長く務めました。熱力学を化学に適用した先駆者で，ヘルムホルツと同時期に素晴らしい業績を残しました。

■2つの系が接触したときの平衡状態の条件は？

エントロピー増大の法則はたいへん役に立つ法則で，熱力学的に安定な状態がどのようなものであるかを決定付けます。ほぼ同じ大きさの2つの系が接触したときの平衡状態や，大きな環境の中の小さな系の安定な状態はどのようなものであるかなどが，エントロピー増大の法則によって支配されます。ここでは簡単な場合から見ていきましょう。

温度の高い物体と低い物体が接触するとどうなるかを考えてみましょう。まず，2つの系1と2の間にエネルギーのやりとりがあって，2つの系のエネルギーの和 $E = E_1 + E_2$ が一定の値をとる場合を考えます。それぞれの体積は変化しないものとします。エネルギーのやりとりがある場合というのは「熱を通す壁」を考えればよいでしょう。また，ここでの「エネルギーの和が一定で

ある」という条件は、外界から孤立している場合を考えています。

最初に、温度 T、圧力 P、体積 V がみんな違っていたとします。これを周りから孤立したところ（たとえば真空中）に置きます。イメージとしては、熱を通しやすい金属製の箱2つに気体をそれぞれ閉じ込めておいて、2つの箱をぴったりとくっつけた場合を考えればよいでしょう。そうすると、初め温度が違っていても、やがて金属壁を通じた熱伝導が起こり温度が同じになったところで変化が止まるだろうということは経験から直感的にわかります。この変化が止まって安定な状態を平衡状態と呼びます。ここでの平衡状態の条件は、

$$T_1 = T_2$$

です。

■総体積が一定の場合

次に「総エネルギーが一定」の条件に加えて、総体積 $V_1 + V_2 = V$ が一定であるという条件が付く場合を考えましょう。総体積が一定というのは、図3-1のような大きさの決まった容器の中で、壁が左右に移動するような構造を考えればよいでしょう。壁は熱も通すとします。

このときの平衡条件の1つが

$$T_1 = T_2$$

可動式の壁

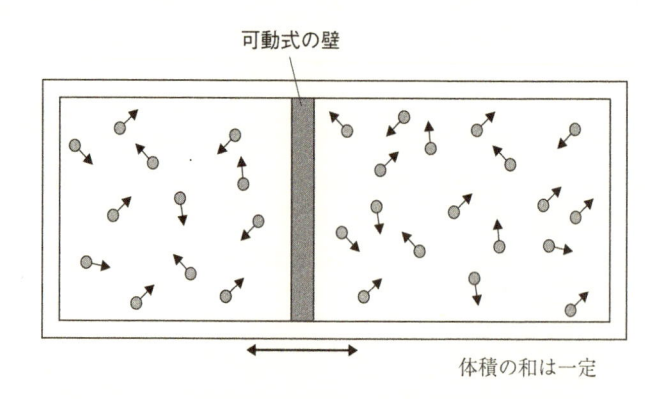

体積の和は一定

図3-1 可動式の壁で左右が仕切られた状態を考える

であることは経験的にわかります。そして，もう1つ平衡条件があることにもすぐに気づくでしょう。すなわち，もし両者で圧力が違っていると，壁は動くので平衡状態ではありません。ということで，壁が動かなくなったところが平衡状態なので，もう1つの条件は，「両方の圧力が等しくなること」

$$P_1 = P_2$$

です。

■化学ポテンシャル

ここまでの条件にさらに条件を加えて，気体分子が自由に壁をすりぬけられる場合の平衡条件を考えてみましょう。まず，温度と圧力が左右で等しくなければならないということがこれまでに

わかりました。すなわち,

$$T_1 = T_2 \quad P_1 = P_2$$

です。この他に何か平衡条件が加わるはずですが,ここから先はここまでのような直感的な考察では答えにたどり着けません。そこでエントロピー増大の法則を使います。

この2つの系は外界から孤立しているので,2つの系が接触した後,「エントロピー増大の法則」によって,エントロピーは増大していきます。その後,安定な状態になったとすると,それはこれ以上はエントロピーが増大できない状態,つまりエントロピー最大の状態になっています。

領域1, 2の分子数を N_1 と N_2 とし,両方の領域をあわせたエントロピー S を

$$S = S_1(E_1, V_1, N_1) + S_2(E_2, V_2, N_2)$$

と書きます。全体のエネルギーと体積は先ほどと同じで一定です。また,全体の分子数 $N_1 + N_2 = N$ も一定の値です。このとき平衡状態での分子数の分配は,エントロピー S が最大になる N_1 で決まります。この条件は,

$$\frac{\partial S}{\partial N_1} = 0 \qquad (3\text{-}3)$$

です。なので,$\dfrac{\partial S}{\partial N_1}$ を計算してみましょう。

$$\frac{\partial S}{\partial N_1} = \frac{\partial S_1}{\partial N_1} + \frac{\partial S_2}{\partial N_1} \quad (S=S_1+S_2 \text{ より})$$

$$= \frac{\partial S_1}{\partial N_1} - \frac{\partial S_2}{\partial N_2} \qquad (3\text{-}4)$$

で与えられます。ここで、この式の1行目と2行目の間では、

$$N_1 = N - N_2$$

から

$$\frac{dN_1}{dN_1} = -\frac{dN_2}{dN_1} \quad (N \text{ は一定なので } \frac{dN}{dN_1}=0)$$

$$\therefore 1 = -\frac{dN_2}{dN_1}$$

$$\therefore dN_1 = -dN_2$$

となる関係を右辺第2項の分母に使っています。したがって、(3-3) と (3-4) 式より

$$\frac{\partial S_1}{\partial N_1} = \frac{\partial S_2}{\partial N_2} \qquad (3\text{-}5)$$

が平衡条件として得られます。

ここで、

第3章　エントロピーって何だ?

$$\left(\frac{\partial S}{\partial N}\right)_{V,E=一定} \equiv -\frac{\mu}{T}$$

で定義する μ を**化学ポテンシャル**と呼ぶことにします。T で割る形で定義したことによって，μ はエネルギーの次元を持ちます。したがって，分子を通す場合には温度と圧力が等しいという条件に加えて（3-5）式より化学ポテンシャルが等しいという条件

$$\mu_1 = \mu_2$$

が加わります。

この化学ポテンシャルはギブズによって導入された物理量で，「化学」の名が付いていることから予想されるように，化学で大活躍しています。しかし，活躍の場は化学だけでなく，もっとずっと幅が広いのです。物理学でも，固体物理学や半導体工学の分野でよく現れます。ただし，これらの分野ではもう1つ別の名前を持っています。ですから，化学ポテンシャルという名前ではほとんど登場しません。どういう名前かというと**フェルミエネルギー**という名前です。

たとえば，半導体工学においては，n型とp型という異なる種類の半導体が接触した構造（pn接合と呼びます）がトランジスタやダイオードに用いられています。このpn接合の平衡状態では，p型とn型のフェルミエネルギーが一致しないといけないという条件が付きます。半導体や電子工学を教科書に沿って学んでいくと，pn接合のところで，突然，「平衡状態では，p型とn型

のフェルミエネルギーは一致しないといけない」といわれて戸惑う方が少なくないようです。このフェルミエネルギー一致の条件は，ここで見たように粒子（電子）が移動できる場合の平衡の条件として「熱力学」に起源があるわけです。

（なお，証明は割愛しますが，この化学ポテンシャルとギブズの自由エネルギーの間には，分子数を N とすると

$$G = N\mu$$

の関係があります。つまり，化学ポテンシャルは，分子1個のギブズの自由エネルギーです）

■大きな系の中に入った小さな系の向かう方向とは

　孤立した断熱系の不可逆過程では，エントロピーは常に増加します。これがエントロピー増大の法則です。先ほどまでは，大きさがほぼ同じの2つの系の接触について考えましたが，ここからは，「ある系」がそれよりずっと大きい環境系の中に置かれた場合を考えましょう。「ある系」と「大きな環境系」の間ではエネルギーのやりとりが可能であるとします。このとき，「ある系」の変化の向きや平衡の条件はどうなるでしょうか（図3-2）。ここでもエントロピー増大の法則が活躍します。

　まず，「ある系」の最初の温度 T_A と圧力 P_A は，「大きな環境系」の温度 T_E と圧力 P_E とは違っているとします。しかし，時間の経過とともに両者の間に平衡状態が実現され，「ある系」は最後には，温度 T_B と圧力 P_B になるとします。両者の間にエネ

第3章 エントロピーって何だ?

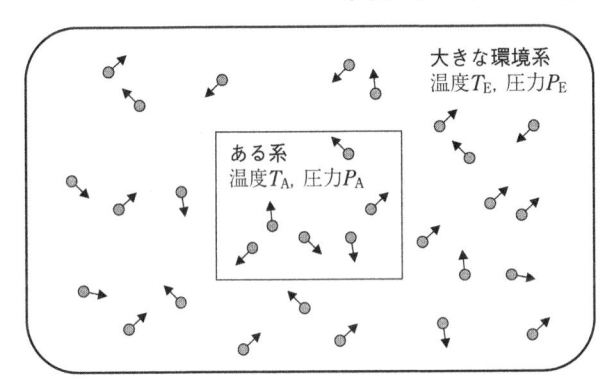

図3-2「ある系」がそれよりずっと大きい環境系の中に置かれた場合

ルギーのやりとりが可能なので、先ほど見たように、最終的に $T_B = T_E$ となります。なお、この「ある系＋環境系」は、さらに外側とは断熱されているとします。

「ある系＋環境系」は、さらに外側とは断熱されているので、この間に起こったエントロピーの変化は、「ある系」のエントロピーを S とし、環境系のエントロピーを S_E とすると、エントロピー増大の法則によって

$$\Delta S + \Delta S_E > 0 \qquad (3\text{-}6)$$

となります。

環境系は十分大きな系なので、熱量 ΔQ を「ある系」へ与えても（あるいはもらっても）温度は変わらないものとします。したがって，

$$\Delta S_\mathrm{E} = -\frac{\Delta Q}{T_\mathrm{E}} \qquad (3\text{-}7)$$

となります。この熱のやりとりは可逆過程を仮定しています。また，環境系ではこれ以外のエントロピーの変化は考えません。

「ある系」がこの間に，始状態 A から終状態 B へ移ったとすると，熱力学の第 1 法則 $\Delta E = \Delta Q - P\Delta V$ によってこれらの間には次の関係が成り立ちます。

$$\Delta Q = \Delta E + \int_A^B P dV \qquad (3\text{-}8)$$

(3-8) 式を (3-7) 式の ΔQ に代入し，得られる ΔS_E を (3-6) 式に代入すると

$$\Delta E - T_\mathrm{E} \Delta S < -\int_A^B P dV \qquad (3\text{-}9)$$

が得られます。この式から変化の方向について重要な関係が得られます。E, T, S, P, V の 5 つもの変数の動きに幻惑されないで，「2 つの変数を一定にすれば，必ずこう変化する」という関係が得られるのです。

【E と V が一定の場合】まず，E と V が変化しない場合を考えましょう。このときは，左辺では E が変化しないので $\Delta E = 0$ となり，右辺では V が変化しないので $dV = 0$ で積分がゼロに

なります。したがって，(3-9) 式は

$$\Delta S > 0$$

になります。つまり，この E と V が一定の条件では，「ある系」に起こる変化は（T や P は様々に変化するとしても），エントロピーを必ず増加させる向きに起こります。また，この変化が止まって安定になるのは，エントロピーが最大になったときです。

【S と V が一定の場合】 次に，S と V が変化しない場合を考えましょう。このときは，左辺では $\Delta S = 0$ なので第2項はゼロとなり，右辺は $dV = 0$ なので積分がゼロになります。したがって，(3-9) 式は

$$\Delta E < 0$$

になります。つまり，この S と V が一定の条件では，「ある系」に起こる変化は内部エネルギーを減少させる向きに起こります。また，この変化が止まって安定になるのは，内部エネルギーが最小になったときです。

【T と V が一定の場合】 さらに，T と V が変化しない場合（等温等積過程）も考えてみましょう。T が変化しないので $\Delta T = 0$ であり $T_E = T_A = T_B$ です。なので，(3-9) 式の左辺の第2項は，

$$-T_E\Delta S = -T\Delta S - S\Delta T \quad (S\Delta T = 0 \text{ を引いた})$$
$$= -\Delta(TS) \quad\quad\quad\quad\text{(全微分)}$$

と書けます。また、V が変化しないので先ほどと同じく右辺では $dV=0$ です。したがって、(3-9) 式は次のように書き換えられます。

$$\Delta(E - TS) < 0$$

ヘルムホルツの自由エネルギーは $F \equiv E - TS$ と定義されているので、これは、

$$\Delta F < 0$$

を示しています。つまり、この条件では、「ある系」に起こる変化はヘルムホルツの自由エネルギーを減少させる向きに起こります。また、この変化が止まって安定になるのは、F が最小になったときです。

【T と P が一定の場合】最後に、T と P が変化しない場合（等温等圧過程）を考えてみましょう。T が変化しないのは、先ほどと同じなので、(3-9) 式の左辺は

$$\Delta E - T_E \Delta S = \Delta(E - TS)$$

となります。一方、右辺は P が一定なので積分は

$$-\int_A^B PdV = -P(V_B - V_A)$$

となります。

よって, (3-9) 式はまとめると

$$\varDelta(E-TS) + P(V_B - V_A) < 0$$

となります。V_B と V_A の差を $\varDelta V$ と書けば,

$$\varDelta(E-TS) + P\varDelta V < 0 \qquad (3\text{-}10)$$

になります。

ギブズの自由エネルギーは $G \equiv E - TS + PV$ で定義されていたので, その微小な変化分をとると

$$\varDelta G = \varDelta(E - TS + PV)$$
$$\quad = \varDelta(E-TS) + P\varDelta V + V\varDelta P \quad (PV \text{ の全微分を使った})$$

となり, 圧力一定であれば最後の項は $\varDelta P = 0$ なので,

$$\varDelta G = \varDelta(E-TS) + P\varDelta V \quad (\text{圧力一定の場合})$$

となります。これは, (3-10) 式の左辺と同じなので, (3-10) 式は

$$\varDelta G < 0$$

となり, T と P が変化しない場合は, ギブズの自由エネルギー

を減少させる向きの変化が起こることになります。また，この変化が止まって安定になるのは，Gが最小になったときです。

このようにどの条件を一定にするかで，平衡条件が変わります。それぞれの条件をまとめると，次のようになります。

一定にする量	実際の変化の向き	平衡の条件
E, V	$\Delta S > 0$	Sが最大
S, V	$\Delta E < 0$	Eが最小
T, V（等温等積過程）	$\Delta F < 0$	Fが最小
T, P（等温等圧過程）	$\Delta G < 0$	Gが最小

これらは，外界を含めたエントロピー増大の法則から要請された関係です。この3つめと4つめを**自由エネルギー最小の原理**と呼びます。温度と体積が変化しない場合（等温等積過程）では，ヘルムホルツの自由エネルギー $F = E - TS$ が最小になる場合が平衡状態であり，温度と圧力が変化しない場合（等温等圧過程）では，ギブズの自由エネルギー $G = E - TS + PV$ が最小になる場合が平衡状態です。

■自由エネルギー最小の原理

この自由エネルギー最小の原理は，どのような状態が平衡状態であるかを見極めるために極めて重要な原理です。

固体物理学では，どのような固体の状態が最も安定であるか調べる場合があります。固体というと固くて変化しないというイメ

ージが強いと思いますが，意外にも様々な構造に変化する場合が多いのです。そのような変化は外界と熱のやりとりをしながら等温状態で進行する場合が多いので，等温等積過程が適用されるケースが多くなります。この場合，先ほど見たようにヘルムホルツの自由エネルギーが減少する方向に変化が進み，ヘルムホルツの自由エネルギーが最小になると変化が止まって平衡状態になります。

ヘルムホルツの自由エネルギーが最小になるということは，温度 T が絶対零度でない限りは，エントロピー S が適度に大きい方が $-TS$ の項が利いて自由エネルギーが小さくなることを意味します。等温等積過程の平衡条件が，エネルギー最小ではなく，ヘルムホルツの自由エネルギーが最小であることに注意しましょう。

一方，化学の世界では，温度と圧力が変化しない条件（等温等圧過程）で化学反応が進む場合が多いので，ギブズの自由エネルギーが最小になることが平衡状態の判定条件として活躍しています。また，等温等圧過程での化学反応は，ギブズの自由エネルギーが減少する方向に起こるので，化学反応の起こる方向を判断するのにも使われます。

このように自由エネルギー最小の原理は固体物理学や化学で大活躍するので，しっかりと頭の中に入れておきましょう。

■宇宙の熱的死

断熱系のエントロピーは増大するというのが，「エントロピー

増大の法則」でした。このときの断熱系の大きさはアボガドロ定数と同じ程度か，それより多くの分子の集団です。では，この断熱系の大きさの上限は，どの程度のものまで考えてよいのでしょうか。

実は，熱力学の観点からの答えは，大きな数については制限がないのです。ということは，地球の大きさでもよいということになります。しかし，地球には太陽光線によって膨大な量のエネルギーが降り注いでいますし，地球自身もエネルギーを宇宙空間に向かって放出しています。というわけで，地球は断熱系ではありません。

地球よりもっとずっとずっと大きな存在であって断熱系である可能性が高いものがあります。それは宇宙全体です。もし宇宙が断熱系であれば，エントロピー増大の法則により，宇宙全体のエントロピーは増大し続けることになります。

熱が高温から低温に流れるのがエントロピー増大の法則の1つの例であることをすでに見ました。とすると，はるかな未来の長い時間の後に，宇宙全体の温度がどこも同じになってしまうことになります。その温度は宇宙全体ではかなり低くなると予想されます。その未来では温度がどこでも同じで，太陽のような熱源となる恒星もなく，どこまで行っても暗く冷たい世界です。もちろん，生命の活動もないでしょう。このようなエントロピー増大の法則（熱力学の第2法則）から導かれるはるかな未来の状況を**宇宙の熱的死**と呼びます。

実際のところは，人類が類人猿から枝分かれしてから数百万年

第3章 エントロピーって何だ？

しかたっておらず，ホモ・サピエンスが生まれてからわずか数万年という人類の進化の（短い！！！）歴史をもとに考えると，そのような宇宙の熱的死を迎える遠い未来に，現在のような人類が生き残っている可能性は皆無でしょう。

また，宇宙の熱的死よりはるかに早く起こると予想される太陽の膨張（約50億年後？）によって地球が太陽の中に飲み込まれることを考えると，宇宙の熱的死について，人類の立場から心配することはないでしょう。

しかし，そのはるかな未来に知的興味がわき起こるのが人間の常で，今でも少なくない研究者がこの問題に取り組んでいます。宇宙の熱的死が訪れるのかどうか，人類が決して観測できないその終末について，科学者たちは議論を続けています。

さてこれで，読者のみなさんは，熱力学でとても重要な「エントロピー」と「エントロピー増大の法則」を理解しました。次章ではいよいよ，熱力学に改革をもたらした気体分子運動論に取り組みましょう。

第4章　気体分子運動論
——ミクロの世界で何が起こっているのか

■エネルギー等分配の法則

マクスウェル（1831〜1879）

気体が分子の集まりであると考えて，分子の運動に力学を適用し，気体の圧力を最初に導いたのはベルヌーイでした。この考え方を気体分子運動論と呼びます。その後この気体分子運動論を大きく発展させたのは，マクスウェルとボルツマンでした。

ここでは気体は多数の分子から構成されていると考えて，気体の圧力を求めてみましょう。まず気体の運動エネルギーが等方的であるということから見てみましょう。

気体分子の速度の x 成分の2乗の平均を $\langle v_x^2 \rangle$ で表すことにします。ある気体分子の速さを v_i とし，その x 方向の速度を v_{ix} とすると，平均は N 個の気体分子の v_{ix}^2 の和を N で割ったものです。

$$\langle v_x{}^2\rangle \equiv \frac{\sum_{i=1}^{N} v_{ix}{}^2}{N}$$

ある気体分子の x, y, z 方向の速さ v_{ix}, v_{iy}, v_{iz} との間には, 三平方の定理によって,

$$v_i{}^2 = v_{ix}{}^2 + v_{iy}{}^2 + v_{iz}{}^2$$

が成り立ちます。

したがって, 速度の 2 乗の平均は

$$\begin{aligned}\langle v^2\rangle &= \frac{1}{N}\sum_{i=1}^{N} v_i{}^2 \\ &= \frac{1}{N}\sum_{i=1}^{N}(v_{ix}{}^2 + v_{iy}{}^2 + v_{iz}{}^2) \\ &= \frac{1}{N}\sum_{i=1}^{N} v_{ix}{}^2 + \frac{1}{N}\sum_{i=1}^{N} v_{iy}{}^2 + \frac{1}{N}\sum_{i=1}^{N} v_{iz}{}^2 \\ &= \langle v_x{}^2\rangle + \langle v_y{}^2\rangle + \langle v_z{}^2\rangle\end{aligned}$$

となり,

$$\langle v^2\rangle = \langle v_x{}^2\rangle + \langle v_y{}^2\rangle + \langle v_z{}^2\rangle \qquad (4\text{-}1)$$

であることがわかります。

原子は x, y, z のどの方向にも同じように走っているので

$$\langle v_x{}^2\rangle = \langle v_y{}^2\rangle = \langle v_z{}^2\rangle$$

です。したがって，(4-1) 式から

$$\frac{1}{3}\langle v^2 \rangle = \langle v_x^2 \rangle = \langle v_y^2 \rangle = \langle v_z^2 \rangle \qquad (4\text{-}2)$$

の関係が成り立ちます。

分子1個の質量を m とすると，その平均の運動エネルギーは $\frac{1}{2}m\langle v^2 \rangle$ なので (4-1) 式から

$$\frac{1}{2}m\langle v^2 \rangle = \frac{1}{2}m(\langle v_x^2 \rangle + \langle v_y^2 \rangle + \langle v_z^2 \rangle)$$

となり，先ほどの (4-2) 式から

$$\frac{\frac{1}{2}m\langle v^2 \rangle}{3} = \frac{1}{2}m\langle v_x^2 \rangle = \frac{1}{2}m\langle v_y^2 \rangle = \frac{1}{2}m\langle v_z^2 \rangle \qquad (4\text{-}3)$$

となります。

この式は1分子の運動エネルギー $\frac{1}{2}m\langle v^2 \rangle$ が，x, y, z の3方向に3分の1ずつ等しく分配されていることを表しているので，これを**エネルギー等分配の法則**と呼びます。

■気体の圧力

次に気体分子運動論に基づいて，気体の圧力を考えてみましょう。体積 V の容器を考え，その中に単原子分子理想気体（分子の数 $=N$）が入っているとします。この容器の壁は絶え間ない気体分子の衝突によって，外向きの力を受けています。

第4章　気体分子運動論

質量 m の気体の分子が、なめらかな壁に速度 v でぶつかったときのことを考えましょう。図 4-1 は、右側の壁に、x 方向の速度が v_x である気体分子（図中アの分子）がぶつかる場合を表しています。気体分子の速度の x 成分 v_x は、壁にぶつかると弾性衝突によって $-v_x$ に変わります。したがって、気体分子の x 方向の運動量の変化は mv_x が $-mv_x$ になるので $-2mv_x$ になります。力学で学んだように衝突の際の運動量の変化は力積に等しいので、この衝突で気体分子から受けた壁の力積は $2mv_x$ となります。

ここでは、短い時間 Δt の間に起こる衝突を考えることにしましょう。速度 v_x を持つ気体分子のうち、壁から $v_x \Delta t$ の範囲内

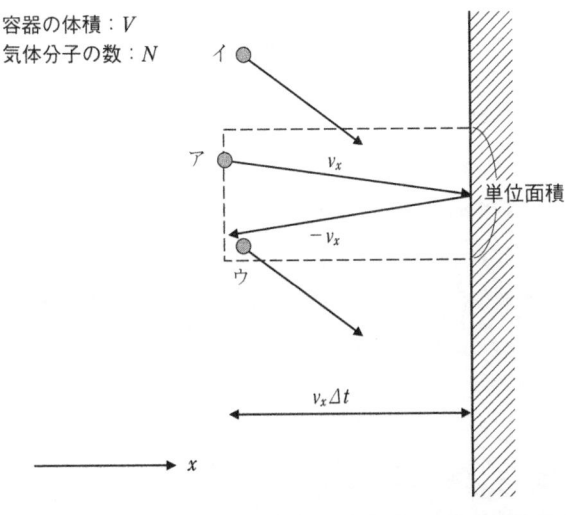

図4-1　気体分子が容器の壁に衝突する場合を考える

にいるものは壁にぶつかります。この右側の壁の単位面積にぶつかる（速度 v_x の）分子の数は，右の壁の単位面積を底面とし長さ $v_x \Delta t$ の直方体（図 4-1 中の破線）の容積に，速度 v_x の分子の密度 $n(v_x)$ をかければ求まります。したがって，速度 v_x を持つ分子が，単位面積あたりの壁に与える力積は，

$$n(v_x) \times v_x \Delta t \times 2mv_x = 2n(v_x)\, mv_x{}^2 \Delta t$$

となります。ちなみに分子の密度 $n_0 \equiv N/V$ と $n(v_x)$ の間には

$$n_0 = \int_{-\infty}^{\infty} n(v_x)\, dv_x$$

の関係が成り立っています。速度 v_x は $-\infty$ から $+\infty$ まで分布していて，その全部の和が分子の密度 n_0 に等しいというわけです。

この直方体の中に含まれなくても，Δt の間に右の壁にぶつかる図中のイのような気体分子も存在します。したがって，$v_x \Delta t$ の直方体の中の分子の個数を数えるだけでは不十分なのではないかと考える方もいらっしゃるでしょう。しかし，直方体の中に最初は含まれていても，やがて外れてしまうウのような気体分子も存在するので，$v_x \Delta t$ の直方体の中の粒子だけを考えれば間にあうのです。

■気体分子のエネルギー

速度 v_x は $-\infty$ から $+\infty$ まで様々な値をとります。したがっ

て，この力積を速度 v_x について積分すれば，壁にかかるすべての力積が計算できます。したがって，全力積は，

$$\int_0^\infty 2n(v_x)\,mv_x^2\varDelta t\,dv_x \qquad (4\text{-}4)$$

となります。積分範囲が 0 から ∞ になっているのは，x 軸のマイナス方向に動いている分子は右の壁にぶつからないからです。

いま速度の 2 乗 v_x^2 の平均 $\langle v_x^2 \rangle$ を同じように積分で表すと

$$\langle v_x^2 \rangle = \int_{-\infty}^\infty \frac{n(v_x)}{n_0} v_x^2 dv_x$$

となります。n_0 は分子の密度ですから，積分の中の $n(v_x)/n_0$ は速度 v_x を持っている気体分子の割合を表しています。また，x 軸のプラス方向とマイナス方向に動く分子の数は同じだと考えられるので

$$n(v_x) = n(-v_x)$$

です。よって，

$$\begin{aligned}
\langle v_x^2 \rangle &= \int_{-\infty}^\infty \frac{n(v_x)}{n_0} v_x^2 dv_x \\
&= \int_{-\infty}^0 \frac{n(v_x)}{n_0} v_x^2 dv_x + \int_0^\infty \frac{n(v_x)}{n_0} v_x^2 dv_x \\
&= 2\int_0^\infty \frac{n(v_x)}{n_0} v_x^2 dv_x
\end{aligned}$$

となります。

この関係を先ほどの力積の (4-4) 式に入れると,

$$\int_0^\infty 2n(v_x)mv_x^2 \Delta t dv_x = m\Delta t \int_0^\infty 2n(v_x)v_x^2 dv_x = m\Delta t n_0 \langle v_x^2 \rangle$$

となります。

すでに見たように，原子は x, y, z のどの方向にも同じように走っているので，(4-2) 式を使うと力積の合計は

$$\text{力積の合計} = \frac{1}{3} n_0 m \langle v^2 \rangle \Delta t$$

となります。

一方，壁の受ける気体の圧力（＝単位面積あたりの力）を P とすると，Δt 時間の力積は $P\Delta t$ です。これが前式に等しいので

$$P\Delta t = \frac{1}{3} n_0 m \langle v^2 \rangle \Delta t$$
$$= \frac{1}{3} \frac{N}{V} m \langle v^2 \rangle \Delta t$$

となり，さらに整理すると

$$\therefore PV = \frac{2}{3} \times \frac{N}{2} m \langle v^2 \rangle$$

となります。

気体分子の個数を N として 1 mol の気体を考えると $Nm\langle v^2\rangle/2$ は 1 mol の理想気体の内部エネルギー E を表しています。

$$E=\frac{N}{2}m\langle v^2\rangle$$

したがって,

$$\therefore PV=\frac{2}{3}E \qquad (4\text{-}5)$$

となります。

この式は気体分子運動論によって得られた結果です。一方,ボイル・シャルルの法則に基づく気体の状態方程式では,1 mol の気体で $PV=RT$ の関係が成り立ちます。この 2 つの式の左辺は同じ PV です。したがって両式の右辺は等しくなければならないので,

$$\therefore PV=\frac{2}{3}E=RT$$

となり,1 mol の気体分子の内部エネルギーは

$$E=\frac{3}{2}RT \qquad (4\text{-}6)$$

であることがわかります。これが,1 mol の単原子分子理想気体の内部エネルギーを表す式で,気体分子運動論と,それ以前の熱

力学とをつなぐ式です。これによると、気体の内部エネルギーは、絶対温度 T のみに依存していて（第2章で見たように）、かつ T に比例して増えるということになります。

■ボルツマン定数

次に、分子1個あたりの運動エネルギーを求めてみましょう。(4-6) 式を分子の数 N で割ると

$$\frac{1}{2}m\langle v^2\rangle = \frac{3}{2}\frac{R}{N}T = \frac{3}{2}k_B T \qquad (4\text{-}7)$$

が得られます。この右辺の中の比 R/N を**ボルツマン定数**と呼び k_B で表します。1 mol に含まれる分子の数は第1章で見たアボガドロ定数で、

$$N_A = 6.02 \times 10^{23}\,\text{mol}^{-1}$$

です。$R = 8.31\,\text{J}/(\text{K}\cdot\text{mol})$ なのでボルツマン定数は

$$k_B = 1.38 \times 10^{-23}\,\text{J/K}$$

となります。この式からわかるように、分子1個の平均の運動エネルギーは $\frac{3}{2}k_B T$ に等しいということになります。

先ほど見たエネルギー等分配の法則の (4-3) 式から、この $\frac{3}{2}k_B T$ の運動エネルギーが、x, y, z の3方向に $\frac{1}{2}k_B T$ ずつ等しく分配されていることになります。ある物体の運動を表すのに必要な座標軸の数を**自由度**と呼びます。ここでの気体分子の運

動は x, y, z の3軸で表せるので,自由度は3です。理想気体では1つの自由度ごとに $\frac{1}{2}k_BT$ ずつエネルギーが分配されていることになります。

「**温度**」の物理的意味は,これまでは少し漠然としていたかもしれませんが,この (4-7) 式から「理想気体においては,温度は分子1個の平均の運動エネルギーに対応する」ことがわかります。

■**気体分子の平均のスピード**

(4-7) 式の関係を使うと,気体分子の平均のスピードが求められます。室温 (27°C=300 K) では,その速度はいくらでしょうか。(4-7) 式を変形すると,アボガドロ定数個の分子の質量は分子量と等しいので,分子量 $M=N_A m \times 1000$ の関係を使って

$$\sqrt{\langle v^2 \rangle} = \sqrt{\frac{3RT \times 10^3}{M}} = \sqrt{\frac{3 \times 8.31 \times 10^3 \times 300}{M}}$$
$$= \frac{2735}{\sqrt{M}} \ [\mathrm{m/s}]$$

となります。酸素分子の分子量は 32 なので

$$\sqrt{\langle v^2 \rangle} = \frac{2735}{\sqrt{32}} \fallingdotseq 483 \ [\mathrm{m/s}]$$

となります。音速は室温で秒速 350 m ぐらいなので,酸素分子のスピードはマッハ 1.4 ぐらいと極めて高速であることがわかります。そんなに高速の粒子が人間の皮膚にぶつかっても,皮膚は

大丈夫なのだろうかと心配する方も少なくないでしょう。幸いにして，酸素分子の質量はとても小さいので，酸素分子1個のエネルギーもとても小さいのです。なので，皮膚に穴が開くということはありません。

もちろん読者の中には，「そんなこと言ったって酸素分子はたくさんあるので，1個のぶつかるエネルギーは小さくても，人間の皮膚にぶつかる全部の量はかなり大きいのではないか。だから，何かの影響が出るはずだ」と考える方もいるでしょう。もちろんまったくその通りで，その影響のことを「気圧」と呼んでいるわけです。

■気体の比熱

(4-6) 式を使うと定積比熱が求められます。この E は第2章の内部エネルギー E のことですから定積比熱は

$$\begin{aligned}
C_V &= \left(\frac{\partial E}{\partial T}\right)_{V=一定} \\
&= \frac{\partial}{\partial T}\left(\frac{3}{2}RT\right)_{V=一定} \\
&= \frac{3}{2}R \\
&= 12.5 \, \mathrm{J/(mol \cdot K)}
\end{aligned}$$

となります。少し前に見たように，この定積比熱が $\frac{3}{2}R$ であるのは，(1分子の) 1つの自由度ごとの運動エネルギーが $\frac{1}{2}k_B T$ であることに起因しているので，1つの自由度ごとの定積比熱は

$\frac{1}{2}R$ です。

またこれから定圧比熱も求まります。圧力を一定にしたときの比熱（定圧比熱）を C_P とすると、第2章で見たように、気体では $C_P = C_V + R$ が成り立つので

$$C_P = \frac{5}{2}R$$
$$= 20.8 \, \text{J}/(\text{mol} \cdot \text{K})$$

となります。

この定積比熱と定圧比熱の値は、単原子分子の気体の実測値と、ほとんど同じです。たとえば、He と Ne の定積比熱はそれぞれ 12.6 と 12.7 J/(mol・K) です。実測値を説明できるということはとても重要で、気体分子運動論の正しさを証明しています。

ちなみに、2原子分子（H_2, N_2, O_2 など）の定積比熱 C_V は $3R/2$ よりも大きく、ほぼ $5R/2$ に等しくなります。比熱が大きくなるのは、2原子分子では回転の2つの自由度が加わるためです。どのような回転であるかの説明は割愛しますが、エネルギー等分配の法則は回転の自由度にも成立していて、2つの自由度の分の $\frac{1}{2}R \times 2$ が加わるのです。

■固体の比熱

理想気体の比熱を理解しましたが、次に固体の比熱も少しだけのぞいてみましょう。まず、固体の内部エネルギーは気体とはかなり異なります。上下左右で他の原子と結合しているので、気体

分子のように自由に飛び回ることはできません。また，原子の回転運動も普通は起こりません。

固体中の原子は，微小な振動をしていて，その運動は温度が高いほど激しくなります。この原子の運動は，x，y，zの3方向の結合を，バネにみたてた振動モデルで近似できます。

計算は割愛しますが，この振動のエネルギーは1つの自由度あたり $k_B T$ になります。気体分子の運動エネルギーを x，y，z方向の3つの自由度に $k_B T/2$ ずつ等分配できたように，振動のエネルギーも3軸に分配できて，一方向ごとに $k_B T$ になるのです。したがって1 mol（N_A個）の原子からなる結晶の内部エネルギーは

$$E = 3N_A k_B T = 3RT \quad (4\text{-}8)$$

となります。これが固体の内部エネルギーです。これから固体の比熱を求めると

$$C_V = \frac{\partial E}{\partial T} = 3R$$
$$= 24.9 \, \text{J}/(\text{mol} \cdot \text{K}) \quad (4\text{-}9)$$

となります。これは単原子からなる固体の比熱とほぼ等しくなっています。

■気体分子運動論の闘い

気体分子運動論では，気体が分子の集まりであると考えます。

ところが,20世紀を迎えても,(意外なことに)肝心の「分子の存在」は証明されていませんでした。そのため,気体分子運動論は分子の存在を疑う科学者から攻撃されることになりました。攻撃したのはオーストリアのマッハらで,防戦したのはボルツマンらです。科学の歴史を振り返ってみると,電子の存在を明らかにしたトムソンの陰極線の実験が1897年で,ミリカンの電気素量の実験が1909年のことでした。また,ラザフォードの原子核の発見は1911年でした。

分子の存在の立証に挑んだのがアインシュタイン(1879〜1955)です。もし溶液中に微粒子があるとすると,溶液の分子が様々な方向から微粒子にぶつかるので,その結果として微粒子がジグザグに運動するのではないか,とアインシュタインは考えました。当初,アインシュタインは思考実験によってそのような運動の存在を予想したのですが,すでに1827年にイギリスの植物学者ブラウンが花粉中の微粒子でその運動を観測していたことを,彼は後に知りました(**ブラウン運動**と呼ばれています)。アインシュタインはこのブラウン運動を,分子の衝突によって起こる現象であると考えて,理論的に説明しました。これが1905年の有名な3つの論文のうちの1つです。

ちなみに他の2つの論文は,「光電効果の理論」と「特殊相対性理論」です。みなさんもよくご存じだと思いますが,光電効果の論文によってアインシュタインはノーベル賞を受賞し,また相対性理論はアインシュタインの代名詞になっているほど有名な理論です。この2つの論文の陰に隠れがちですが,「ブラウン運動

の理論」も分子の存在を立証する理論的枠組みを与えたという点で，極めて重要な意味を持っています。

このため，このすばらしい3つの論文が生まれた1905年を，物理学者たちは「奇跡の年」と呼んでいます。

■ブラウン運動

ブラウン運動について，具体的に見てみましょう。溶液中の微粒子には，様々な方向からランダムに分子がぶつかります。この衝突によって粒子は動きますが，液体中では，粘性による抵抗を受けるので，動いた後，微粒子は静止します。この運動を繰り返しながら，微粒子は最初の位置からずれていきます。

図4-2はその様子を描いたものです。アインシュタインが計算してみると，x方向への移動距離の2乗の平均$\langle x^2 \rangle$が，

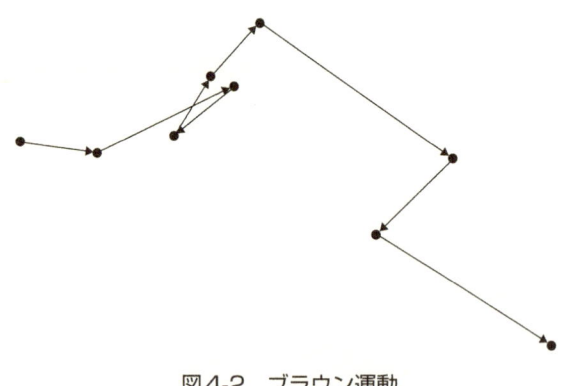

図4-2 ブラウン運動

$$\langle x^2 \rangle = 2k_B T \beta t$$

となることがわかりました(この式の導出に興味のある方は,参考文献の中村 伝 著『統計力学』などをご覧ください)。ここで,k_B はボルツマン定数で T は温度,β は液体の粘性を表す量です。また,t は観測時間です。

この式の物理的な意味は,気体分子の x 方向の運動エネルギーが $k_B T/2$ で表されたように,溶液中の分子の運動エネルギーも温度が高いほど大きく,その結果,微粒子の移動距離も温度 T が高いほど大きくなることを表しています。また,溶液の粘性を表す β に依存していて,粘性が低い場合(β が大きいと粘性が低い)は,$\langle x^2 \rangle$ も大きくなることを表しています。

ブラウン運動の実験には,フランスのペラン(1870〜1942)が 1908 年から取り組み,この式の正しさを証明しました。その結果,分子の存在が広く信じられるようになったのです。この功績によってペランは 1926 年のノーベル物理学賞を受賞しました。

■指数と対数

さてこれで,熱力学の理解に大きな変革をもたらした気体分子運動論を理解しました。次章では,さらにこの理論を発展させて統計力学の世界に踏み込むことになります。そこで,統計力学にとって重要な 2 つの関数,指数と対数を見ておきましょう。

【指数】指数関数は次章で現れるボルツマン分布だけでなく物理

学の様々な場面で使われる重要な関数です。高校で習った指数関数を思い出すために、$y=e^x$ のグラフを描いてみます（図4-3）。

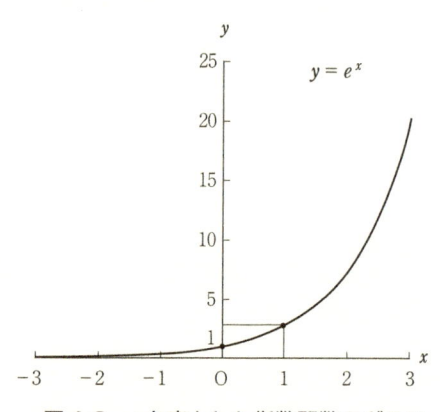

図4-3　eを底とした指数関数のグラフ

指数関数の特徴は、右肩の x が0のときは、1になることです（$e^0=1$）。まずこれを頭に入れましょう。したがって、x軸のプラス側では $y=e^x$ は1より大きくなり、マイナス側では1より小さくなります。プラス側では x が大きくなるにつれてどんどん増大していく関数であることと（つまり、$x \to \infty$ でプラス無限大に発散します）、マイナス側では x が小さくなるにつれて減少する関数（つまり、$x \to -\infty$ でゼロに収束します）であることも頭に入れましょう。

次に $x=1$ の場合も頭に入れましょう。

$$y=e^1$$

$$= e$$
$$= 2.718282\cdots$$

e^0 と e^1 では約 2.7 倍違います。これも頭に入れましょう。

さて最後に，$e^x \cong 1$ であるのは x がどの程度の値のときなのか見ておきましょう。関数電卓で計算してみるとわかりますが，

$0.9 < e^x < 1.1$ となるのは，およそ $-0.1 < x < 0.1$

のときです。また，さらに精度を上げて

$0.99 < e^x < 1.01$ となるのは，およそ $-0.01 < x < 0.01$

のときです。このように x が小さいときには

$$e^x \cong 1 + x$$

の近似が成り立ちます。この近似式もよく使われるので覚えておくと便利です。

【対数】次は対数です。自然対数に久々に出会ったという読者も少なくないと思います。図 4-4 は $y = \log_e x$ のグラフです。y は，$x = e^y$ を満たす数で，また，$e = 2.718\cdots$ です。

このグラフの特徴は，x が 1 より大きい場合と小さい場合で大きくその挙動を変えることです。

まず x が 1 より大きい場合は y はプラスで，1 より小さい場合は y はマイナスです。

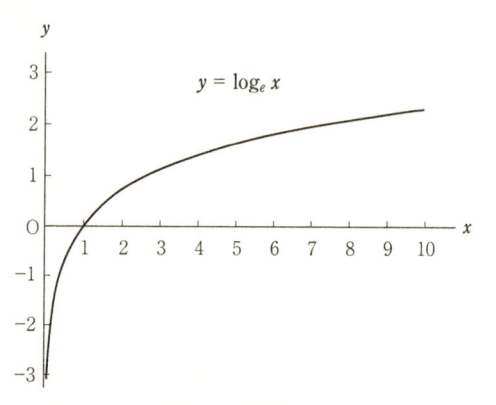

図4-4 eを底とした対数関数のグラフ

次に，1から x が大きい方へ追っていくと，y は大きくなるものの，ゆるやかにしか増加しないことがわかります。$x=10$ でも $y=2.3$ ですし，このグラフに描ききれないのですが $x=100$ でも $y=4.6$ です。$x=1000$ でも $y=6.9$ です。

ところが，1から x が小さい方へ追っていくと，ゼロまでの間に急激に減少していくことがわかります。$x=0.1$ で $y=-2.3$，$x=0.01$ で $y=-4.6$，$x=0.001$ で $y=-6.9$ です。x がゼロに近づくと，y は $-\infty$ に発散します。

それから，今さらですが，x がマイナスの場合はないということを再確認しておきましょう。自然対数のこれらの特徴的な振る舞いを覚えておくと便利です。

【スターリングの公式】 最後に，熱力学でよく使う「スターリングの公式」と呼ばれる数学の公式を導いておきましょう。対数の

グラフで積分を $x=1$ から N までとってみましょう。N は1より大きい整数であるとします。

$$\int_1^N \log x \, dx$$

この積分は図4-5を見ればわかるように $1 \leq x \leq N$ の範囲で、$\log x$ を表す実線と x 軸を挟む部分の面積になります。話をわかりやすくして $N=10$ としたときを考えましょう。

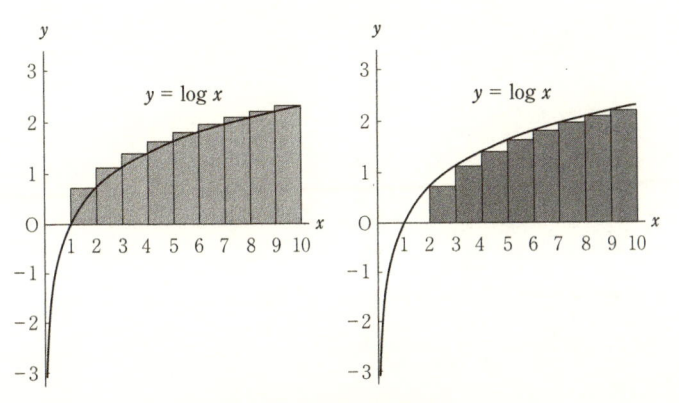

図4-5 対数関数の積分

このとき図を見ればわかるのですが、この面積は薄い灰色の短冊（左）の面積の和より小さく、濃い灰色の短冊（右）の面積の和よりは大きくなります。濃い短冊は、それぞれ灰色の短冊より右に1つずつずれています。これを式で書くと次のような不等式になります。

$\log 1 + \log 2 + \log 3 + \cdots + \log 9$
（濃い灰色の短冊の面積の和）

$$< \int_1^{10} \log x \, dx$$

$< \log 2 + \log 3 + \cdots + \log 9 + \log 10$
（薄い灰色の短冊の面積の和）

これは N を使って書くと

$\log 1 + \log 2 + \log 3 + \cdots + \log (N-1)$

$$< \int_1^N \log x \, dx \tag{4-10}$$

$< \log 2 + \log 3 + \cdots + \log N$

です。また，対数の和の公式 $\log a + \log b = \log ab$ より

$\log 2 + \log 3 + \cdots + \log (N-1) = \log \{2 \times 3 \times \cdots \times (N-1)\}$
$= \log \{(N-1)!\}$

と

$\log 2 + \log 3 + \cdots + \log N = \log (2 \times 3 \times \cdots \times N) = \log (N!)$

が成り立ちます。

さらに（4-10）式の真ん中の積分は

$$\int_1^N \log x\,dx = [x \log x]_1^N - \int_1^N x \times \frac{1}{x}dx \quad (\text{部分積分の公式より})$$
$$= N \log N - (N-1)$$
$$= N(\log N - 1) + 1$$

となります。

これらを使って不等式を書きなおすと

$$\log\{(N-1)!\} < N(\log N - 1) + 1 < \log(N!)$$

となります。

さて $\log\{(N-1)!\}$ と $\log(N!)$ の差は $\log N$ だけです。図からわかるように、これは長方形1個分の面積にすぎません。したがって、N が非常に大きい場合は、$\log N$ は $\log 2 + \log 3 + \cdots + \log(N-1)$ に比べて無視できるぐらい小さくなります。よって、

$$\log\{(N-1)!\} \cong \log(N!)$$

が成り立ちます。したがって、先ほどの不等式から

$\log(N!) \cong N(\log N - 1) + 1$ （1は N に比べて小さいので省略）
$\cong N(\log N - 1)$ \hfill (4-11)

が近似的に成り立ちます。この関係を**スターリングの公式**と呼びます。

このスターリングの公式は、次章で見るように、場合の数（あ

る事柄の起こり方の総数）の計算に役に立ちます。ここではその計算を先に見ておきましょう。以下は，「場合の数の対数」にスターリングの公式を適用する場合です。その計算は，

$$\log \frac{N!}{N_0! N_1! \cdots N_j!} = \log N! - \log N_0! - \log N_1! - \cdots - \log N_j!$$

$$= N \log N - N - N_0 \log N_0 + N_0 - \cdots - N_j \log N_j + N_j$$

$$= N \log N - \sum_j N_j \log N_j - N + \sum_j N_j$$

$$(N = \sum_j N_j \text{ なので。(5-1) 式参照})$$

$$= N \log N - \sum_j N_j \log N_j \qquad (4\text{-}12)$$

となります。これはすぐに次章で役立ちます。

さて，本章では気体分子運動論を理解しました。次章では，いよいよ統計力学の世界に踏み込みます。

熱力学と統計力学の違い

熱力学は，ここまで見てきたように，人間の五感で体感できる大きさの気体や固体などを主な対象にして，経験から学んだ法則をまとめたものです。

それに対して，統計力学は，気体分子運動論で見たように，ミクロな分子や原子の運動を対象として組み上げられた物理学です。後から登場した統計力学によって，従来経験に基づいて

組み上げられていた熱力学の物理的関係が，原子や分子レベルの運動の結果として理解できるようになりました。その点では，熱力学よりは統計力学の方が物理学の本質的な理解に近いともいえます。

　では，統計力学が熱力学に完全に置き換われるかというと，決してそんなことはなく，この両者の関係は相互に補いあう関係にあります。したがって，この2つの物理学のどちらを使うかは，用いる対象によって都合の良い方を使えばよいでしょう。

第5章 統計力学の世界へ

■マクスウェル・ボルツマン分布

　気体の分子は全部が同じエネルギーを持っているのではなく，それぞれの分子のエネルギーには大小があります。ある気体分子の集団を見たときに，エネルギーの高いところに多数分子がいるとか，低いところに多数いるとかという概念を「エネルギー分布」と呼びます（空間的な分布ではありません）。このエネルギー分布は，エネルギー E の関数になりますが（空間的な分布だと位置 x の関数になります），統計力学の力をかりて求められます。

　気体分子のエネルギー分布がどうなるかは，マクスウェルとボルツマンが明らかにしました。この2人の名を冠した**マクスウェル・ボルツマン分布**では，あるエネルギー E に電子のようなフェルミ粒子が存在する確率を $f_{\mathrm{MB}}(E)$ で表すと

$$f_{\mathrm{MB}}(E) \propto e^{-\frac{E}{k_B T}}$$

となります。ここで，k_B は，ボルツマン定数です。T は絶対温度です。

第5章 統計力学の世界へ

本章ではこのマクスウェル・ボルツマン分布を導いてみましょう。

■気体分子のエネルギー分布を考える

マクスウェル・ボルツマン分布が対象とするのはニュートン力学で扱える粒子です。気体分子はその代表です。

ある温度 T の気体分子の集団のエネルギー分布がどのようになるかを考えてみましょう。まず，話を簡単にするために，たくさんの分子を考えないで4個だけ考えることにします。ここでは，分子の x, y, z 方向の速さを v_x, v_y, v_z とします。この v_x, v_y, v_z を3つの直交した軸にとった座標を考えて，この座標を速度空間と呼ぶことにしましょう。図5-1は x, y, z 方向の速度 v_x, v_y, v_z を軸にとったグラフです。

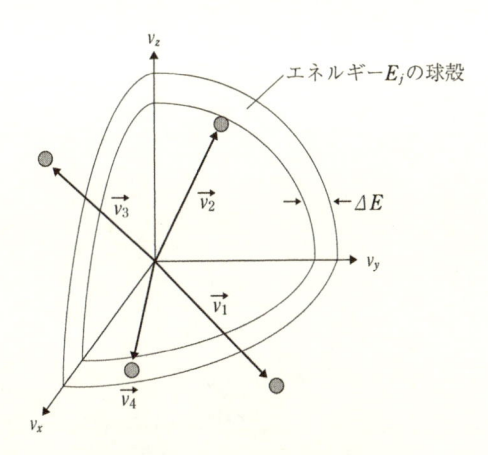

図5-1　速度空間に4個の気体分子を考える

図 5-1 のように，4 個の分子は様々な方向に向かって動いています。この 4 個の分子の，それぞれの速度ベクトルの和をとると，ほぼ原点 O に近づくでしょう。つまり，4 個全体の分子群の重心は，ほぼ静止しているということになります。

$$\vec{v}_1 + \vec{v}_2 + \vec{v}_3 + \vec{v}_4 \sim \vec{0}$$

分子の数が増えるほど，全体の重心は原点に近づいて動かなくなります。

このように気体分子全体の重心は動いていませんが，個々の気体分子は運動エネルギーを持っています。原点から測った気体分子の速さを $v \equiv |\vec{v}|$ とすると，運動エネルギーは $\frac{1}{2}mv^2$ です。この v^2 は方向の情報を持っておらず，2 乗なので正の数です。したがって複数の原子の v^2 の和はゼロにはなりません。

図 5-1 で運動エネルギーを考えると，原点にいる分子は運動エネルギーゼロなので，最もエネルギーの低い分子です。運動エネルギーは先ほど見たように $\frac{1}{2}mv^2$ なので，原点から遠い分子ほど運動エネルギーは大きいことになります。この気体分子の運動エネルギーの分布を求めることにしましょう。

この図 5-1 を，一定のエネルギー幅 $\varDelta E$ ごとの球殻で区切ることにしましょう。原点に近い球殻の中にいる分子ほどエネルギーが低く，原点から遠い球殻の中にいる分子ほど運動エネルギーは大きくなります。原点を含む球殻のエネルギーを $E_0 = 0$ とし，そこから外側に向かって各球殻 j のエネルギーを E_j と名付けます。内側から，

第5章 統計力学の世界へ

$$E_0, E_1, E_2, E_3, \cdots$$

と名付けるわけです。

■簡単のために数を減らして考えよう

実際は、1 mol 程度の気体分子の集団を考えるのですが、ここではモデルの概念をわかりやすくするために、先ほどの球殻のエネルギーが E_0 から E_3 までの4つしかない簡化したモデルを考えましょう。また、気体分子も4個しかなく、それぞれのエネルギーでの**状態の数**も4個だとします(図5-2)。

ここで「同じエネルギーに状態が複数あるのはどういう場合を

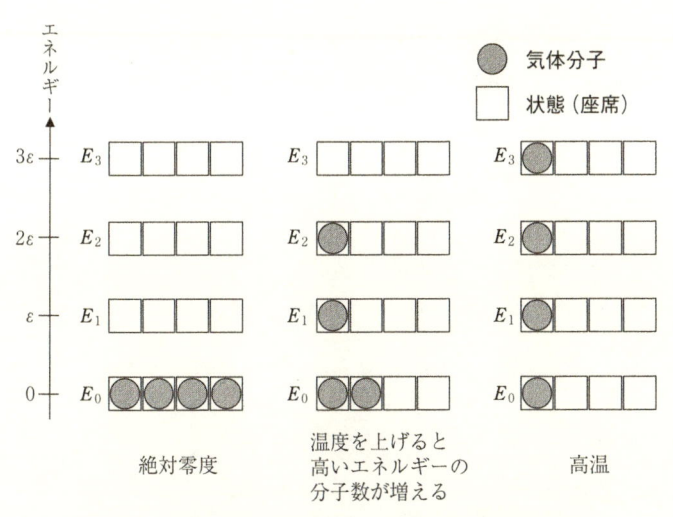

図5-2 それぞれのエネルギーでの状態の数を考える

考えているのか」ピンとこない方も少なくないでしょう。これは，速さが同じでも，「動いている方向が違う分子は別の状態にある」と考えるからです。たとえば，x 方向に動いている分子とそれに垂直な y 方向に動いている分子の速さが同じであれば運動エネルギーは同じですが，動いている方向は違うので，この2つは別の状態にあると見なします。この状態の数は，球殻が大きくなるにつれて増えていきますが，ここでは簡単化してどのエネルギーでも4個しかないと考えることにします。

気体分子のエネルギー分布は，温度によって異なります。まず，絶対零度では，気体分子は運動エネルギーを持っていないので，図5-2の左図のようにすべて E_0 にあるでしょう。温度を上げていくと，熱エネルギーをもらって高いエネルギーの E_1 や E_2 のところにある分子も増えてきます（図5-2の真ん中の図）。そしてさらに温度が高くなると，運動エネルギーの大きな分子の数はますます増えるでしょう（図5-2の右図）。

この簡単化したモデルでのエネルギー分布を求めてみましょう。それぞれのエネルギー E_j の分子の個数を N_j 個とします。ただし，全体の分子の個数 N は一定（この場合は $N=4$）です。

全体の分子数 N が一定という条件は式で書くと

$$N = N_0 + N_1 + N_2 + \cdots = \sum_j N_j \qquad (5\text{-}1)$$

となります。

また，気体の全エネルギー E が一定に保たれている場合を考

えます。それぞれのエネルギーには N_j 個の分子があるので、気体の全エネルギー E が一定であるという条件は

$$E = N_0 E_0 + N_1 E_1 + N_2 E_2 + \cdots = \sum_j N_j E_j \qquad (5\text{-}2)$$

と書くことができます。この2つの式が条件です。

この条件で $N_0, N_1, N_2, \cdots$ の分子の配り方が何通りあるかを考えてみましょう。図5-2の真ん中の図の場合を1つの例として考えましょう。ここでは、E_0 に2個、E_1 に1個、E_2 に1個です。この組み合わせをここではAパターンと呼ぶことにしましょう。

各状態のエネルギーは E_0 をエネルギーの原点にとって $E_0=0$ とし、$E_1=\varepsilon$, $E_2=2\varepsilon$, $E_3=3\varepsilon$ とエネルギー ε ごとに等間隔であるとします。このときAパターンのエネルギーはトータルで、$E_1+E_2=3\varepsilon$ です。4個の分子がすべて区別できるとすると、この入り方には次の図5-3のような種類があります。ここでは各気体分子を区別するために番号をふっています。

図5-3からわかるように、このモデルでは12種類の入り方（「**場合の数**」）があります。この「場合の数」W が何通りあるかを計算する方法は高校の数学で習いますが、

$$\begin{aligned}W(N_0, N_1, N_2, N_3) &= W(2,1,1,0)\\ &= \frac{N!}{N_0! N_1! N_2! N_3!}\\ &= \frac{4!}{2!1!1!0!} = \frac{24}{2}\end{aligned}$$

$$= 12 \text{ 通り}$$

となります。ちなみに気体分子が存在しないエネルギー E_3 では，$N_3=0$ で $0!=1$ です。

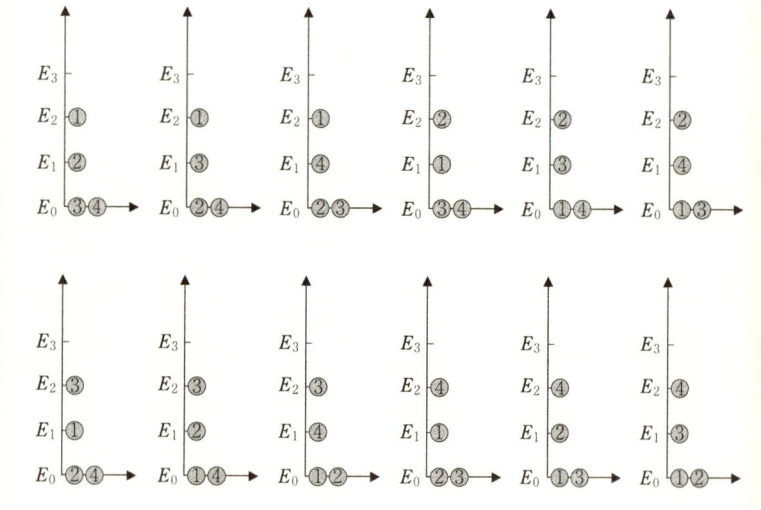

Aパターン：E_0 に2個，E_1 に1個，E_2 に1個

図5-3　4つの状態に入る全ての場合

分子の個数が4個で全エネルギーが 3ε になる組み合わせは，他にも2種類あります。それぞれをBパターンとCパターンと呼ぶことにすると，次の図5-4のように

Bパターン：E_0 に3個で，E_3 に1個の組み合わせ

と，

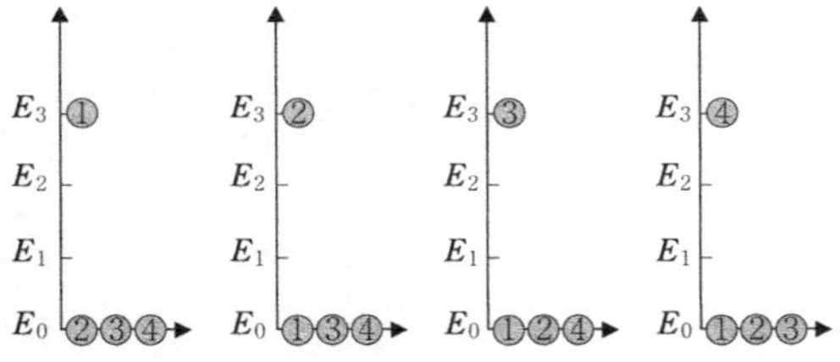

第5章 統計力学の世界へ

$W(N_0, N_1, N_2, N_3) = W(3, 0, 0, 1)$
$= \dfrac{N!}{N_0! N_1! N_2! N_3!}$
$= \dfrac{4!}{3!0!0!1!}$
$= \dfrac{24}{6}$
$= 4 \text{通り}$

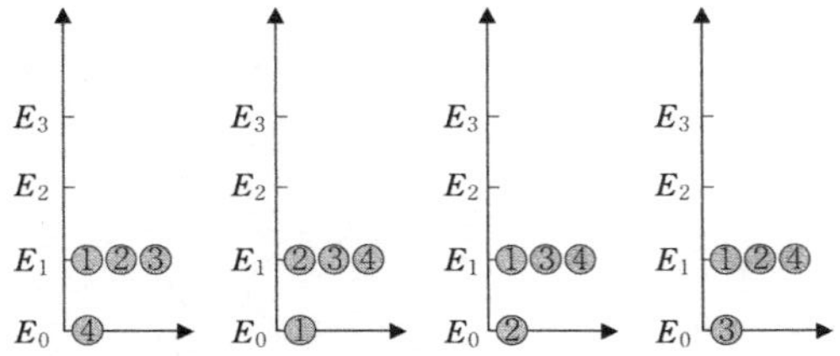

$W(N_0, N_1, N_2, N_3) = W(1, 3, 0, 0)$
$= \dfrac{N!}{N_0! N_1! N_2! N_3!}$
$= \dfrac{4!}{1!3!0!0!}$
$= \dfrac{24}{6}$
$= 4 \text{通り}$

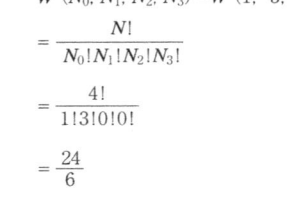

Bパターン：E_0に3個，E_3に1個

Cパターン：E_0に1個，E_1に3個

図5-4 4個の全エネルギーが3εの場合の数

Cパターン：E_0に1個で，E_1に3個の組み合わせ

です。それぞれの「場合の数」は4通りです。

　このように分子数が4個でトータルのエネルギーが3εになる組み合わせは全部で，12＋4＋4＝20 通りあります。分子はこの20通りのどれにも同じ確率で分布すると考えられます（これを**等確率の原理**と呼びます）。とすると，Aパターンとなる確率は全20通りの内の12通りの6割で，Bパターンの確率が2割，Cパターンの確率が2割となります。したがって，Aパターンが最も高い確率で起こる分布であるということになります。

　いまの場合は分子数はわずか4個でしたが，分子数が 1 mol ある場合も，同じように考えればよいでしょう（もっとも図に描くのは無理ですが）。同じように，最も起こりやすい分布は，「場合の数」W が最も大きくなる分布です。

　分子数がアボガドロ数個ある場合の分子数 $(N_0, N_1, \cdots, N_j)$ の「場合の数」は同じように次の式で表されます。

$$W(N_0, N_1, \cdots, N_j) = \frac{N!}{N_0! N_1! \cdots N_j!} \qquad (5\text{-}3)$$

$(N_0, N_1, \cdots, N_j)$ の組み合わせには，トータルのエネルギーが一定であるという（5-2）式の条件と，全部の分子数が一定であるという（5-1）式の条件が付きますが，その組み合わせは多数あります。その中で**最も「場合の数」が多い組み合わせが最も高い確率で現れる組み合わせである**ということになります。その組み合

わせがどのようなものであるかを求めるのがここの主題です。

では,「最も場合の数が多い（すなわち W が最大である）」というのをどうやって判定するかというと, N_1 や N_2 が少し変化しても W がほとんど変化しないところ, すなわち偏微分 $\partial W/\partial N_1$ や $\partial W/\partial N_2$ の傾きがゼロであることが最大（極大）の条件であるということになります。もちろんこの条件は最小（極小）の条件でもあるので, 求めた後に, 最大であるか最小であるかは検証する必要があります。

先ほどの4個の場合に戻って考えてみましょう。N_0 を横軸にとって, 縦軸に場合の数 W をとったグラフを描いてみます。4個だと図5-5の左図のように, 先端のとがった山の形になります。$N_0=1$ が先ほどのCパターンで, $N_0=2$ がAパターン, $N_0=3$ がBパターンです。分子数が多い場合には, 右図のように, 最大値では N_j のどの変数に対しても傾きがゼロになります。これが最大値を見つける判定の条件です。

「場合の数」が大きい場合は対数の方が扱いやすいので, $\log W$ の傾きがゼロになるところを探すことにしましょう。N_j で $\log W$ を偏微分してみると

$$\frac{\partial \log W}{\partial N_j} = \frac{\partial W}{\partial N_j} \frac{d \log W}{dW} = \frac{\partial W}{\partial N_j} \frac{1}{W}$$

となり, 場合の数が極値をとる（最大か最小になる）$\frac{\partial W}{\partial N_j}=0$ では, $\log W$ の傾き $\frac{\partial \log W}{\partial N_j}$ もゼロになることがわかります。

したがって, W の最大値の必要条件は

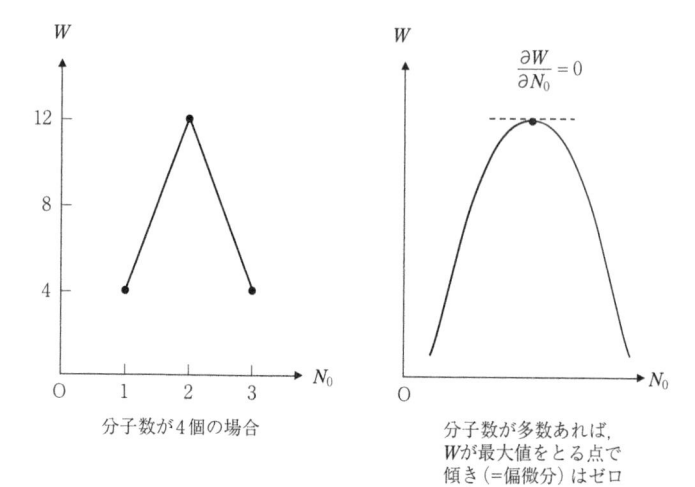

図中:
- 分子数が4個の場合
- 分子数が多数あれば、Wが最大値をとる点で傾き(=偏微分)はゼロになる。
- $\dfrac{\partial W}{\partial N_0}=0$

図5-5 分子が多くなると釣り鐘のような分布になる

$$\frac{\partial \log W}{\partial N_j}=0 \qquad (5\text{-}4)$$

です。

■最も起こりやすい分布を探す

この最大値の必要条件に,スターリングの公式を使って求めた(4-12)式

$$\log W(N_0, N_1, \cdots, N_j) = N \log N - \sum_j N_j \log N_j$$

を使うと

$$\begin{aligned}
0 &= \frac{\partial \log W(N_0, N_1, \cdots, N_j)}{\partial N_j} = \frac{\partial}{\partial N_j}\Bigl(N \log N - \sum_i N_i \log N_i\Bigr) \\
&= \frac{\partial N}{\partial N_j} \log N + N \frac{\partial N}{\partial N_j} \frac{\partial \log N}{\partial N} \\
&\quad - \sum_i \Bigl(\frac{\partial N_i}{\partial N_j} \log N_i + N_i \frac{\partial N_i}{\partial N_j} \frac{\partial \log N_i}{\partial N_i}\Bigr) \\
&= -\sum_i \frac{\partial N_i}{\partial N_j} \Bigl(\log N_i + N_i \frac{1}{N_i}\Bigr) \\
&= -\sum_i \frac{\partial N_i}{\partial N_j} (\log N_i + 1) \\
&= -\sum_i \frac{\partial N_i}{\partial N_j} \log N_i - \sum_i \frac{\partial N_i}{\partial N_j} \\
&= -\sum_i \frac{\partial N_i}{\partial N_j} \log N_i - \frac{\partial N}{\partial N_j} \\
&= -\sum_i \frac{\partial N_i}{\partial N_j} \log N_i
\end{aligned} \tag{5-5}$$

となります。式の2行目の第1項と第2項は，$\partial N/\partial N_j = 0$（全分子数 N は一定）なので，消えます。式の下から2行目の第2項が消えるのも同じ理由です。

さて，普通の偏微分であれば，$i \neq j$ のときは $\partial N_i/\partial N_j = 0$ になります。これは通常は N_i と N_j が独立な変数であるためです。しかし，今回の場合は，N が一定であるという条件が付いているために，独立な変数ではなくなります。なぜなら分子の総数 N が一定という制約の下で N_i が増えれば一方の N_j が減少するし，逆に N_i が減れば N_j が増えるからです（なので独立では

ありません)。したがって、$\partial N_i/\partial N_j=0$ とならないのです。

最大値の必要条件を表す (5-5) 式はまとめると、

$$\sum_i \frac{\partial N_i}{\partial N_j} \log N_i = 0 \qquad (5\text{-}6)$$

となります。

この式に、先ほどの条件 $N=$ 一定、$E=$ 一定が加わります。これらは一定の値なので N_j で微分するとゼロになります。この2つの条件は

$$\begin{aligned} 0 &= \frac{\partial N}{\partial N_j} \\ &= \frac{\partial}{\partial N_j}\left(\sum_i N_i\right) \\ &= \sum_i \frac{\partial N_i}{\partial N_j} \qquad (5\text{-}7) \end{aligned}$$

と

$$\begin{aligned} 0 &= \frac{\partial E}{\partial N_j} \\ &= \frac{\partial}{\partial N_j}\left(\sum_i N_i E_i\right) \\ &= \sum_i \frac{\partial N_i}{\partial N_j} E_i \qquad (5\text{-}8) \end{aligned}$$

となります。最も場合の数の大きい組み合わせを見つけるためには、この3つの式を連立して解かなければならないわけです。

■ラグランジュの未定乗数法

この連立方程式を解くのにラグランジュの未定乗数法という方法を使います。ここは，統計力学の理解において一つの山場です。この後の説明をご覧いただくと簡単な内容であることがおわかりいただけると思いますが，難しそうだなと誤解して，理解をあきらめてしまう学生も少なくないようです。

さて，始めましょう。この3つの式はそれぞれゼロなので，3つを足し合わせてもやはりゼロです。というわけでこの3つを足してみましょう。(5-7) 式に，ある未知の定数 α をかけ，また (5-8) 式に，ある未知の定数 β をかけて，(5-6) 式に加えると

$$0 = -\sum_i \frac{\partial N_i}{\partial N_j} \log N_i + \beta \sum_i \frac{\partial N_i}{\partial N_j} E_i + \alpha \sum_i \frac{\partial N_i}{\partial N_j}$$

$$= \sum_i \frac{\partial N_i}{\partial N_j} (-\log N_i + \beta E_i + \alpha) \tag{5-9}$$

となります。

この定数 α や β がどういう値であるかはまだ決まっていないので**未定乗数**と呼びます。

(5-9) 式では，$\partial N_i / \partial N_j$ は i や j が異なると様々な値をとるので，(5-9) 式が常にゼロであるためには，カッコの中がゼロであるような α や β が存在すればよいということになります。

したがって，この式が成立する条件は

$$\log N_i = \alpha + \beta E_i$$

となります。この対数を指数表示に書き換えると

$$N_i = e^{\alpha + \beta E_i}$$

が得られます。これが「ラグランジュの未定乗数法」です。いかがでしょう。名前のイメージと違って、簡単だったでしょう！

ここで $C \equiv e^{\alpha}$ と定義すると $N_i = Ce^{\beta E_i}$ と書くことができます。これがボルツマン分布の本質的な形です。β はこの節の後で求めますが、先に結果を言うと $\beta = -1/k_B T$ になります。したがって

$$N_i = Ce^{-E_i/k_B T} \qquad (5\text{-}10)$$

または

$$N_i \propto e^{-E_i/k_B T}$$

と書くことができます。これが**マクスウェル・ボルツマン分布**です。

マクスウェル・ボルツマン分布では、次の図5-6のように、エネルギーが高くなるにつれて存在確率はどんどん小さくなります。

このマクスウェル・ボルツマン分布は気体分子のようなニュートン力学で扱える粒子全般に適用できる重要な分布なので、大学で統計力学を履修している人は必ず頭の中に入れましょう。

第5章 統計力学の世界へ

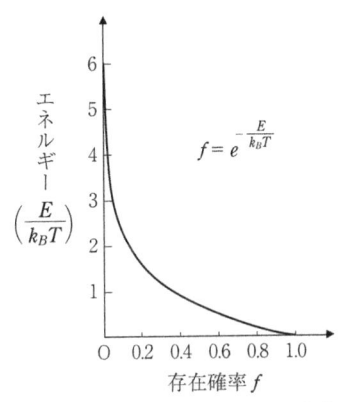

$$f = e^{-\frac{E}{k_B T}}$$

図5-6 マクスウェル・ボルツマン分布のグラフ

■分配関数

マクスウェル・ボルツマン分布の式では，全分子数が N であるという (5-1) 式を使うと C を消去できます。

$$\begin{aligned} N &= \sum_j N_j \\ &= \sum_j C e^{-E_j/k_B T} \\ &= C \sum_j e^{-E_j/k_B T} \end{aligned}$$

この式を変形して先ほどの N_j を表す (5-10) 式の C に代入すると

$$\begin{aligned} N_j &= C e^{-E_j/k_B T} \\ &= \frac{N e^{-E_j/k_B T}}{\sum_j e^{-E_j/k_B T}} \end{aligned}$$

と書くことができます。

この N_j に E_j をかけて，j についての和をとると (5-2) 式から全エネルギー E になるので

$$E = \sum_j N_j E_j$$
$$= \sum_j C E_j e^{-E_j/k_B T}$$
$$= N \frac{\sum_j E_j e^{-E_j/k_B T}}{\sum_j e^{-E_j/k_B T}}$$

となります。

これらの式の分母は，あるエネルギー E_j の粒子の存在確率の和を表すので**分配関数**と名付け，Z とします。

$$Z \equiv \sum_j e^{-E_j/k_B T} \qquad (5\text{-}11)$$

分配関数を使うと，それぞれ次の式のように表されます。

$$N_j = \frac{N e^{-E_j/k_B T}}{Z} \qquad (5\text{-}12)$$

$$E = N \frac{\sum_j E_j e^{-E_j/k_B T}}{Z} \qquad (5\text{-}13)$$

このうち，E は分子の集団の全エネルギーを表すので，熱力学の内部エネルギー E に対応します。(5-13) 式は，熱力学の内部エネルギーと統計力学のエネルギーをつなぐ重要な関係です。

第5章 統計力学の世界へ

■気体分子のエネルギー分布

次に、このボルツマン分布を使って気体分子のエネルギー分布を求めてみましょう。先ほどはモデルを簡単化しましたが、今度は具体的に考えましょう。図5-7は気体分子の速度を表す座標ですが、球殻が原点から離れるほどエネルギーが大きくなります。これは、図5-2とは1つ大きな違いがあります。それは図5-2ではどのエネルギーでも状態の数（座席の数）は同じであると仮定しました。しかし、気体分子の運動ではエネルギーが大きいほど球殻の表面積は大きくなるので厚さ dv の球殻の体積（＝表面積×厚さ dv） $4\pi v^2 dv$ は大きくなります。

この状態の数を数えるために1つの状態を各辺の長さをそれぞ

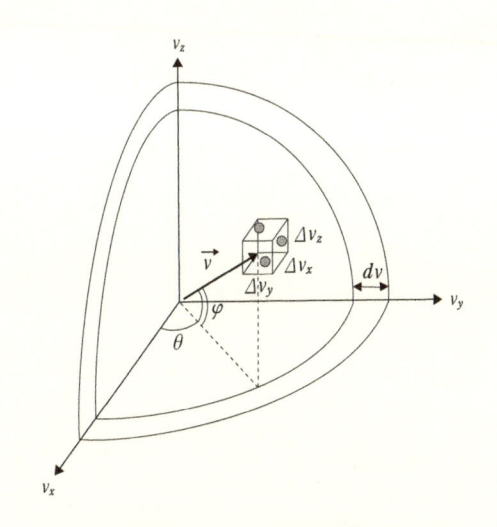

図5-7 速度空間の中に気体分子を置いてみる

れ Δv_x, Δv_y, Δv_z とする微小な立方体で代表させることにしましょう。原点からこの立方体に引いた速度ベクトルが気体分子の運動の「状態」を代表しています。図5-7では1個の領域（立方体）しか描いていませんが，速度空間は無限に多くの領域に分けられます。

球殻の体積 $4\pi v^2 dv$ の中に含まれる状態の数は，この体積を立方体の体積 $\Delta v_x \Delta v_y \Delta v_z$ で割ったものなので

$$\frac{4\pi v^2 dv}{\Delta v_x \Delta v_y \Delta v_z}$$

です。運動エネルギーと運動量の関係 $dE = mvdv$（$E = mv^2/2$ を微分すると得られます）を使うと，エネルギー幅 dE に含まれる状態の数を表す式に書き換えられます。

$$\begin{aligned}
\frac{4\pi v^2 dv}{\Delta v_x \Delta v_y \Delta v_z} &= \frac{4\pi v^2}{\Delta v_x \Delta v_y \Delta v_z} \cdot \frac{dE}{mv} \\
&= \frac{4\pi v}{\Delta v_x \Delta v_y \Delta v_z} \cdot \frac{dE}{m} \\
&= \frac{4\pi \sqrt{2E/m}}{\Delta v_x \Delta v_y \Delta v_z} \cdot \frac{dE}{m} \\
&= \frac{4\sqrt{2}\,\pi}{\Delta v_x \Delta v_y \Delta v_z m^{3/2}} \sqrt{E}\, dE \\
&= C'\sqrt{E}\, dE
\end{aligned}$$

となります（最後の行の C' は，下から2行目の $\sqrt{E}$ より左の係数をまとめた定数です）。ということでエネルギー E と $E + dE$

の間の状態の数は $\sqrt{E}$ に比例して増えることになります。これを dE で割った $C'\sqrt{E}$ は単位エネルギーあたりの状態の数を表しているので、**状態密度**と呼ばれています。

各エネルギーあたりの座席の数を表すのが状態密度であり、その多数の座席にどのような分布で座るかを決めるのがボルツマン分布です。したがって、3次元的に動く気体分子のエネルギー分布は、ボルツマン分布にこの状態密度をかけたものとなり、全分子数 N と全エネルギー E は

$$N = C' \int_0^\infty \sqrt{E}\, e^{-E/k_BT} dE \qquad (5\text{-}14)$$

$$E = C' \int_0^\infty E\sqrt{E}\, e^{-E/k_BT} dE \qquad (5\text{-}15)$$

と書けます(C'/分配関数 をC'に再定義しています)。

この式の積分はニュートン力学で表される気体分子の運動だけでなく、半導体の中の自由電子の動きを表す場合にも近似的に使えます。量子力学の対象となる電子を記述するためにも大活躍しているというわけです。半導体中の電子のエネルギー分布について興味のある方は拙著の『高校数学でわかる半導体の原理』(ブルーバックス)をご覧ください。

■ $\beta = -1/k_BT$ の証明

マクスウェル・ボルツマン分布を使うことによって、気体分子の全運動エネルギーは (5-15) 式として与えられ、全分子数 N は (5-14) 式で表されました。この全エネルギーを全分子数で割

ると，気体分子の平均の運動エネルギーが得られます。この平均の運動エネルギーは前章で見たように $\frac{3}{2}k_B T$ であることがわかっています。この関係を使うと，β が求められます。

(5-10) 式のところで，$\beta = -1/k_B T$ であることが後でわかると書きましたが，ここでその証明をします。ここでは β が未知であるという段階に戻ることにしましょう（ただし，エネルギー分布 $e^{\beta E}$ は，エネルギーが大きくなるほど小さくなるはずなので，β が負であることは明らかです）。

全運動エネルギーは (5-15) 式で β が未知で

$$E_{\text{Total}} = C' \int_0^\infty E\sqrt{E}\, e^{\beta E} dE$$

です。気体分子の総数は，(5-14) 式で β が未知で

$$N_{\text{Total}} = C' \int_0^\infty \sqrt{E}\, e^{\beta E} dE$$

です。したがって，気体分子1個の平均の運動エネルギーは

$$\langle E \rangle = \frac{E_{\text{Total}}}{N_{\text{Total}}} = \frac{C' \int_0^\infty E\sqrt{E}\, e^{\beta E} dE}{C' \int_0^\infty \sqrt{E}\, e^{\beta E} dE}$$

で求められます。

この分子の積分を計算してみましょう。

$$\int_0^\infty E\sqrt{E}\,e^{\beta E}dE = \int_0^\infty E^{3/2}e^{\beta E}dE$$
$$= \frac{1}{\beta}\left[E^{3/2}e^{\beta E}\right]_0^\infty - \frac{3}{2}\frac{1}{\beta}\int_0^\infty E^{1/2}e^{\beta E}dE$$
$$= -\frac{3}{2}\frac{1}{\beta}\int_0^\infty E^{1/2}e^{\beta E}dE$$

この式の2行目で部分積分の公式を使っています。また,第1項は $E=0$ と $E=\infty$ の両方でゼロなので消えます($E \to \infty$ のとき,$E^{3/2}$ の増大の割合より,β が負である $e^{\beta E}$ の減少の割合の方が大きい)。よって,これを使うと

$$\langle E \rangle = \frac{-C'\dfrac{3}{2}\dfrac{1}{\beta}\int_0^\infty \sqrt{E}\,e^{\beta E}dE}{C'\int_0^\infty \sqrt{E}\,e^{\beta E}dE}$$
$$= -\frac{3}{2}\frac{1}{\beta}$$

となります。

前章の気体分子運動論でこの平均の運動エネルギーが $\dfrac{3}{2}k_B T$ であることは求めていたので((4-7)式),

$$-\frac{3}{2}\frac{1}{\beta} = \frac{3}{2}k_B T$$

となり,

$$\beta = -\frac{1}{k_B T}$$

が得られます。これで証明終わりです。

■気体分子の速度分布

気体分子のエネルギー分布が求まりましたが,これを使って速度分布も求めてみましょう。先ほどの積分の積分変数をエネルギー E から速度 v_x, v_y, v_z に置き換えれば求められます。

$E = mv^2/2$ の関係を v で微分すると,$dE = mvdv$ の関係が得られますがこの2つの関係を(5-14)式の変数変換に使います。

$$N = C' \int_0^\infty \sqrt{E}\, e^{-E/k_BT} dE = C' \int_0^\infty \sqrt{\frac{mv^2}{2}}\, e^{-mv^2/2k_BT} mvdv$$

$$= C'm\sqrt{\frac{m}{2}} \int_0^\infty e^{-mv^2/2k_BT} v^2 dv$$

(5-16)

これで変数が v に置き換わったわけですが,この v は図5-7で原点からの距離に相当するので,極座標表示の変数です。極座標とは,図5-7のように2つの角 θ と φ,それに原点からの距離の3つの変数で位置を表すものです。これを直交座標表示に直しましょう。

ある関数 g の積分の極座標表示と,直交座標表示との関係は,次のようになっています。

$$\int_{-\infty}^{\infty}\int_{-\infty}^{\infty}\int_{-\infty}^{\infty} g(v_x, v_y, v_z)\, dv_x dv_y dv_z$$

$$= \int_{-\pi/2}^{\pi/2} \int_0^{2\pi} \int_0^\infty g(v,\theta,\varphi) v^2 \cos\varphi \, dv d\theta d\varphi$$

この式の右辺は,被積分関数 g が変数 θ と φ に依存しない場合は,さらに簡単になります。

$$= \int_{-\pi/2}^{\pi/2} \cos\varphi \, d\varphi \int_0^{2\pi} d\theta \int_0^\infty g(v) v^2 dv$$

$$= 2 \cdot 2\pi \int_0^\infty g(v) v^2 dv$$

$$= 4\pi \int_0^\infty g(v) v^2 dv$$

$$\therefore \int_0^\infty g(v) v^2 dv = \frac{1}{4\pi} \int_{-\infty}^\infty \int_{-\infty}^\infty \int_{-\infty}^\infty g(v_x, v_y, v_z) \, dv_x dv_y dv_z$$

(5-17)

となります。

この左辺を (5-16) 式と見比べると被積分関数 g に相当するのは

$$g(v) = e^{-mv^2/2k_B T}$$

であることがわかります。したがって,(5-16) 式は

$$N = C' \frac{m^{3/2}}{\sqrt{2}} \int_0^\infty e^{-mv^2/2k_B T} v^2 dv$$

$$= \frac{C'}{2\pi^2} \frac{m^{3/2}}{\sqrt{2}} \int_{-\infty}^\infty \int_{-\infty}^\infty \int_{-\infty}^\infty e^{-mv^2/2k_B T} dv_x dv_y dv_z$$

$$= \frac{C'}{\pi^2} \left(\frac{m}{2}\right)^{3/2} \int_{-\infty}^\infty \int_{-\infty}^\infty \int_{-\infty}^\infty e^{-mv^2/2k_B T} dv_x dv_y dv_z$$

となります。この式はマクスウェルが導いたので，これをマクスウェルの速度分布則と呼びます。この式の中で最も重要なのは積分の中の $e^{\frac{-mv^2}{2k_BT}}$ です。

このマクスウェルの速度分布は v_x, v_y, v_z のおのおのの成分に対する分布の積の形になっています。速度分布を表す指数関数は x, y, z の3つの成分に分解できます。

$$e^{-mv^2/2k_BT} = e^{-m(v_x^2+v_y^2+v_z^2)/2k_BT}$$
$$= e^{-mv_x^2/2k_BT}e^{-mv_y^2/2k_BT}e^{-mv_z^2/2k_BT}$$

これは図5-8のように釣り鐘型をした曲線で表される分布で，**ガウス型（ガウシアン）分布**と呼ばれます（正規分布とも呼ばれます）。このガウス型の関数は統計力学だけでなく物理学全般でよく現れる関数なので，この形は覚えておくといろいろ役に立ちます。

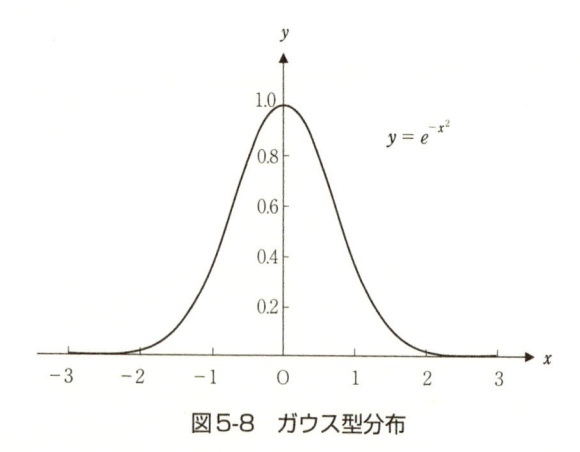

図5-8 ガウス型分布

第5章 統計力学の世界へ

■マクスウェル・ボルツマン分布の対象

「マクスウェル・ボルツマン分布」の対象は、ニュートン力学に従う古典的粒子で、気体分子はその代表例です。後で話すように、電子はマクスウェル・ボルツマン分布ではなく、フェルミ・ディラック分布に従います。しかし、近似的にボルツマン分布を適用可能な場合も多いので、電子を対象としてボルツマン分布が使われる場合もよくあります（ただし、これはあくまでも"近似"であることに注意してください）。

ボルツマン分布を電子に使う典型的な例を、1つ示しておきましょう。電子のエネルギーは離散的な値をとりますが、これを"エネルギー準位"と呼びます。このエネルギー準位が2つある場合を二準位系と呼びます（図5-9）。二準位系は、レーザーの発光などを考える際に重要になります。二準位系の上の準位にいる電子が下の準位に落ちるとき、このエネルギー差 ΔE と同じ

$$n_2 \propto e^{-\frac{E_2}{k_B T}}$$

$$n_1 \propto e^{-\frac{E_1}{k_B T}}$$

$$\frac{n_2}{n_1} = e^{-\frac{\Delta E}{k_B T}}$$

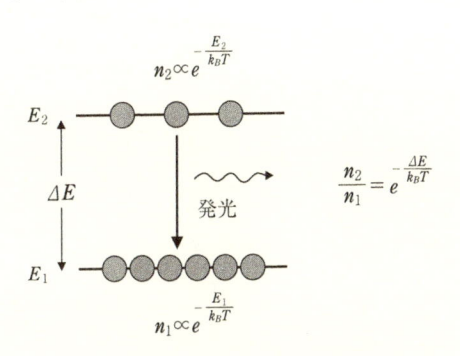

図5-9 二準位系のモデル
電子が上の準位から下の準位に落ちるとき発光します

エネルギーを持った光を出します。これが発光です。二準位系を持つ「ある発光材料」があったとすると、上の準位にたくさん電子がいる方が、たくさんの光を出すことができるでしょう。逆に上の準位の電子の数が少なく、下の準位にたくさん電子がいるのであれば、あまり発光は期待できません。ですから、上の準位にどれぐらい電子がいるかを知ることは重要です。

二準位系では、上のエネルギーを E_2 とし、下の準位のエネルギーを E_1 とすると、上の準位の電子の数 n_2 と、下の準位の電子の数 n_1 は、(5-10) 式より

$$n_1 = Ce^{-\frac{E_1}{k_B T}}$$
$$n_2 = Ce^{-\frac{E_2}{k_B T}}$$

で表せます。したがって、n_2 と n_1 の比 n_2/n_1 は二準位系のエネルギー差を ΔE とすると

$$\frac{n_2}{n_1} = \frac{e^{-\frac{E_2}{k_B T}}}{e^{-\frac{E_1}{k_B T}}}$$
$$= e^{-\frac{E_2 - E_1}{k_B T}}$$
$$= e^{-\frac{\Delta E}{k_B T}} \quad (5\text{-}18)$$

となります。温度 T は、絶対温度なのでマイナスの値はとりません。

ΔE は図 5-9 にあるように正です。したがって $\frac{\Delta E}{k_B T} > 0$ なの

で $e^{-\frac{\Delta E}{k_B T}} < 1$ となります。つまり，n_2 は n_1 より小さくなります。このように平衡状態では上の準位の方が電子の数は少なくなるのです。

さて，レーザーの発光材料では，上の準位の電子の数が下の準位より多い必要があります。それは，外から入ってきた光の影響によって，電子が上の準位から下の準位に落ちて光を出すという現象（**誘導放出**と呼ばれる）を利用するためです。このときには，$n_2 > n_1$ でなければならないのですが，これは上の準位の方が下の準位より電子の数が多いので，**反転分布**と呼ばれます。

この反転分布を実現するためには，下の準位から上の準位へ電子を汲み上げるポンプのような仕組みを組み込む必要があります。反転分布が実現された状態では形式上，先ほどの（5-18）式の中の温度 T をマイナスにする必要があります。それでこれを**負温度**とか**マイナス温度**と呼びます。

■マクスウェル・ボルツマン分布に従わない粒子

これでマクスウェル・ボルツマン分布を理解しました。ところが20世紀に入ると，マクスウェル・ボルツマン分布に支配されない粒子の存在が明らかになりました。それはニュートン力学では扱えない粒子で，その後発展した量子力学の対象となる粒子です。

そのマクスウェル・ボルツマン分布で扱えない粒子の代表の1つが電子で，もう1つは光子です。電子は身の回りの様々な電化製品で働いているわけですから現代人にとって切っても切れない

フェルミ (1901〜1954)　　　　ボース (1894〜1974)

関係にあります。光子は，太陽光として地球に降り注いでエネルギー源の中心になっていることに加えて，テレビや照明器具，発光ダイオード，レーザーなどで大活躍しています。ということで光子も切っても切れない関係にあります。

　このうち電子はどのような統計に従うかというと，フェルミ (1901〜1954) とディラック (1902〜1984) が作り上げた**フェルミ・ディラック統計**に従います。電子を始めとしてフェルミ・ディラック統計に従う粒子は，**フェルミ粒子（フェルミオン）**と呼ばれます。

　一方，光子はどのような統計に従うかというと，こちらは，ボース (1894〜1974) とアインシュタインが作り上げた**ボース・アインシュタイン統計**に従います。光子を始めとしてボース・アインシュタイン統計に従う粒子は，**ボース粒子（ボソン）**と呼ばれ

ます。

　ボース粒子は，4つの力（4つの相互作用とも呼ばれます）を媒介する粒子です。物質を構成する粒子ではありません。自然界には「重力」，「電磁力」そして「弱い力」と「強い力」と呼ばれる4つの力が働いていると考えられています。「重力」や「電磁力」は，私たちの日常生活で直接感じることのできる身近な力です。一方，「弱い力」や「強い力」は，とても易しい表現ですが，よくわからない方がほとんどでしょう。この2つの力は原子核よりも小さな領域で働く力で，身近なものではありません。

　人類が利用しているこの2つの粒子には，フェルミ粒子とボース粒子の違い以外にも異なる性質があります。電子の特徴は，電荷を持っていることです。このため外から電場や磁場をかければ，電子をかなり自由に操れます。トランジスタに代表される電子デバイスが広く利用されているのは，電子の制御の容易さに理由があります。一方で電子は電場や磁場の影響を受けやすいので，遠くまでそのままの状態で移動させるのは容易ではありません。

　それに対して，光子は電場や磁場との直接的な相互作用はほとんどありません。したがって，光子を外からの電場や磁場で制御することは容易ではありません。しかし，逆に，電場や磁場の影響を受けずに遠くまで飛ばしやすいのです。現在の通信手段で最も大きな容量をささえているのは，光ファイバーと呼ばれるガラスでできた繊維状の管の中に光を飛ばす光通信です。通信に光が用いられているのは，電場や磁場の影響を受けにくいという光子

の性質によっています。

■フェルミ粒子とボース粒子の奇妙な性質

　フェルミ粒子やボース粒子には，古典的な粒子とは異なる奇妙な性質があります。古典的な粒子では，2個粒子があった場合，両方が同じ種類の粒子であっても，その区別はつきます。たとえ

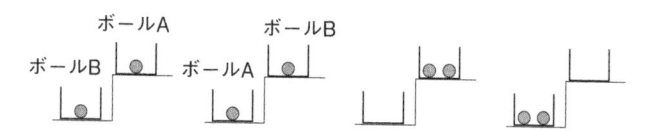

階段に2つの箱を置き，そこに，野球のボール2個を入れる場合を考えてみます。箱の1つは，重力ポテンシャルが少し高いところにあります。このときの箱へのボールの入れ方は4通りです。

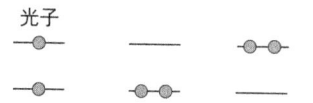

エネルギーの異なる2つの状態に，光子を2個入れる場合を考えてみます。光子や電子は，野球のボールと違ってそれぞれを区別できないという特徴があります。したがって，光子の入り方は3通りです。

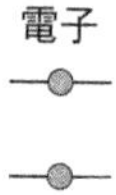

エネルギーの異なる2つの状態に，電子を2個入れる場合を考えてみます。電子は，パウリの排他原理に従うので1つの状態に1個しか入れません。したがって，電子の入り方は1通りです。

図5-10　フェルミ粒子やボース粒子は区別できない

ば，野球のボールが2個あったとして，それを2つの箱に1個ずつ入れた場合，ボールを入れる箱を逆にしたとしても区別はつきます。また，1つの箱に2つのボールを入れることも可能です。

ところがフェルミ粒子やボース粒子では，その区別がつかないというおもしろい性質があります（図5-10）。たとえば，光子が入りうる状態が2つあったとします。この2つの状態に光子が入る入り方は図中段のような3種類しかありません。なぜなら2つの光子を区別できないからです。電子や光子が（本質的に）区別できないというのは，日常生活での人間の常識とはかけ離れていますが，そう仮定してできあがったフェルミ・ディラック統計やボース・アインシュタイン統計の考え方で，電子や光子の分布が説明できるので，そう認めざるをえないのです。

フェルミ粒子の場合は，さらに「1つの状態には1個の電子しか入れない」という**パウリの排他原理**の制約が働きます。したがって，2つの状態への入り方は1通りしかありません（図下段）。

この2種類の粒子を支配する統計はこれらの条件を課して，先ほどのボルツマン分布と同じように求められます。本書では，求め方は割愛しますが，結果を書いておきましょう。

まず，フェルミ・ディラック分布は，あるエネルギー E にフェルミ粒子が存在する確率を $f_{\mathrm{FD}}(E)$ で表すと

$$f_{\mathrm{FD}}(E) = \frac{1}{e^{\frac{E-E_F}{k_B T}} + 1}$$

となります。分母の中の E_F は，**フェルミエネルギー**（＝化学ポ

テンシャル) です。絶対零度での電子の分布を考えた場合では、電子が存在できる最も高いエネルギーに等しくなります。

ボース・アインシュタイン分布は、あるエネルギー E にボース粒子が存在する確率を $f_{\mathrm{BE}}(E)$ で表すと

$$f_{\mathrm{BE}}(E) = \frac{1}{e^{\frac{E-E_F}{k_B T}} - 1}$$

と表せます。

この3つの統計を理解することが統計力学で最も大事なことです。

■フェルミ・ディラック分布の性質

この重要なフェルミ・ディラック分布の性質を見ておきましょう。

まず、絶対零度に限りなく近い場合を考えてみましょう。この場合、分母の T が限りなく小さくなるので、$(E-E_F)/k_B T$ はとても大きな数になります。そして、エネルギー E がフェルミエネルギーより大きい場合は、正の大きな数になり、小さい場合は負の大きな数になります。したがって、指数関数 $e^{\frac{E-E_F}{k_B T}}$ は、一方の場合はとても大きな数になり、一方の場合はほぼゼロになります。その結果、エネルギーがフェルミエネルギーより小さい場合ではフェルミ・ディラック分布関数は1（すなわち100%）であり、大きい場合はゼロになります。これは図5-11の左図のように階段状の関数になります。

第5章 統計力学の世界へ

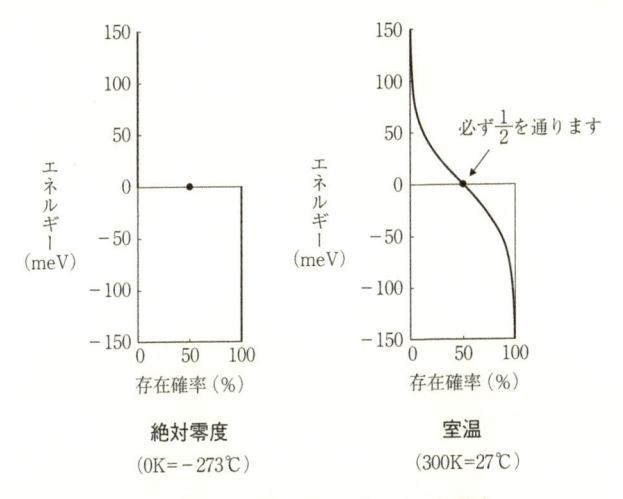

図5-11 フェルミ・ディラック分布
このグラフでは、フェルミエネルギーをエネルギーの原点にとりました

温度が300Kの場合はどうでしょう。図5-11の右図のように、フェルミエネルギーより下側にいた電子がフェルミエネルギーより大きなところにも移動します。その結果フェルミエネルギーより大きなところにも電子が存在するようになります。フェルミ・ディラック分布では、フェルミエネルギーのところでは、$E=E_F$を式に代入するとわかるように、常に確率は1/2になります。これは温度にかかわらず成り立ちます。

このフェルミ・ディラック分布は電子のエネルギー分布を支配するので、とても重要です。原子は原子核と電子でできていますが、その電子の分布を支配するということは、地上のあらゆる物質に関わるということになります。このため、固体物理学や半導

体工学ではフェルミ・ディラック分布は大活躍しているというわけです。

■ フェルミ分布をニュートン力学的粒子でたとえると

フェルミ・ディラック分布は電子のような量子力学的な粒子にあてはまるものですが、理解を容易にするためにあえてニュートン力学の対象となる身近な粒子でたとえてみましょう。

身近なものとして水の分子を考えましょう。図5-12左図のような深い鍋に水を入れて、0°Cに近い温度にしたとしましょう。水には重力が働いているので、重力のポテンシャルエネルギー（位置エネルギー）を考えると、鍋の底が最もエネルギーが低く、逆に水面から上に上がるほど位置エネルギーは大きくなります。0°Cに近い場合、温度が低いので水面から蒸発する水の分子はか

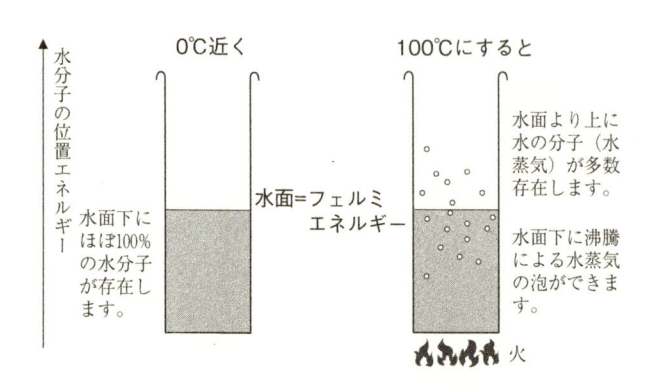

図5-12 フェルミ・ディラック分布をあえてニュートン力学的粒子でたとえると

なり少なく，水面より上に存在する水の分子（つまり水蒸気）はごくわずかです。これは先ほどのフェルミ・ディラック分布の絶対零度に近い状態（図5-11の左図）で，フェルミエネルギーを水面とみなせば，極めて似ていることがわかります。

次に，鍋を暖めて100℃にしたとしましょう（図5-12の右図）。水は沸騰を始めます。沸騰すると水面より下でも水蒸気が発生して泡となり，泡は上昇して水面ではじけ水蒸気は上に舞い上がります。水中で多数の泡が発生するので，水面下でも水の分子は，もはやぎっしりとつまっているわけではありません。また，水面より上にも多数の水の分子が水蒸気として存在します。これは先ほどの図5-11の右図に近い状態です。

電子にとってのポテンシャルエネルギーは，主にクーロン力によるものであるという違いはありますが，このように，「水面＝フェルミエネルギー」のアナロジーを頭に入れておくと，フェルミ・ディラック分布が理解しやすくなります。

■ボース・アインシュタイン凝縮

ボース粒子は，個々の粒子の見分けがつかないという点でフェルミ粒子と同じ性質を持っています。しかし，前述のように両者には違いがあります。フェルミ粒子はパウリの排他原理に支配されるので1つの状態に1個の粒子しか入れないのに対して，ボース粒子は1つの状態にいくらでも入ることができます。

筆者は大学3年生の時に，中村 伝（つとう）教授から統計力学を学びました。中村教授はこのボース粒子の講義で，「諸君の身体やこの

校舎の床を構成する粒子がフェルミ粒子であって良かった。もし，それらがボース粒子であったなら，まったく違った世界になっていただろう。もし，何かの間違いでボース・アインシュタイン凝縮が起こったりしたら，諸君の身体は床の中に溶け込んでしまうことだろう」と冗談まじりにお話しになりました。

その違った世界がどのようなものであるかですが，アインシュタインは1924年に，この1つの状態にたくさんの粒子が存在する条件があることを見つけました。アインシュタインは，分子間に相互作用のない理想気体を冷却すると，ある温度以下では，最もエネルギーの低い状態に多数の粒子が集まる（凝縮する）ことを理論的に導きました。粒子がエネルギー最低の状態に集まった状態を，**ボース・アインシュタイン凝縮**と呼びます。

ボース・アインシュタイン凝縮の例としては，液体ヘリウムの**超流動現象**があります。ヘリウム原子には，質量数4の ^{4}He（原子核は2個の陽子と2個の中性子を含みます）と，自然界にはごくわずかしか存在しない質量数3の ^{3}He（2個の陽子と1個の中性子からなる）があります。^{4}He がボース粒子で，^{3}He がフェルミ粒子です。^{4}He を冷却すると，4.2 K で液体になりますが，それをさらに冷却すると 2.17 K で特殊な振る舞いを示すことを1937年にソ連のカピッツァ（1978年にノーベル物理学賞受賞）が見つけました。

液体には，水で代表されるように粘性がありますが，^{4}He は 2.17 K 以下でこの粘性がなくなってしまうのです。超流動状態になると，分子1個しか通れないほどの隙間を抜けたり，容器の

壁をよじ登ったりなどの面白い現象が現れます。たとえば，超流動状態の液体ヘリウムの上にお椀のような容器を浮かべると，液体ヘリウムが容器の壁をよじ登ってお椀の中に溜まり始めるし，逆にお椀のような上が開いた容器に ^{4}He を入れていた場合は，超流動状態になったとたんに内壁をよじ登り始め，容器の外側にあふれ出します。このようにとても奇妙な現象が見られるのです。

アインシュタインがモデルとして用いた理想気体と違って，液体ヘリウムでは分子間の相互作用が比較的強く働きます。このため，アインシュタインの理論との対応がもっと良いと予想される「気体を用いた実験」も行われました。気体のボース・アインシュタイン凝縮は，1995年にコーネル（米），ケターレ（独），ワイマン（米）によって実現され，この3人は，2001年のノーベル物理学賞を受賞しました。

本章では，ボルツマン分布から始まって，フェルミ・ディラック分布やボース・アインシュタイン分布まで，大変重要な知識を身につけました。この3つの分布を表す式は，統計力学において最も重要なものです。大学で統計力学の単位を取る必要がある方は，しっかりと記憶しておきましょう。

3つの統計に関わった人々

まず、マクスウェルは熱力学だけでなく、「マクスウェルの方程式」で代表される電磁気学で偉大な業績をあげています。

ボルツマンは統計力学の開拓者です。ウィーンのボルツマンのお墓には、次章で述べる「ボルツマンの原理」が刻まれています。

アインシュタインは、言うまでもなく20世紀前半を代表する最高の物理学者です。

ボースはインドの科学者で、ボース統計の概念を論文にまとめてアインシュタインに送りました。アインシュタインはボースの論文の重要性を認めて発表しました。

フェルミとディラックは、この6人の中では最も遅く生まれ

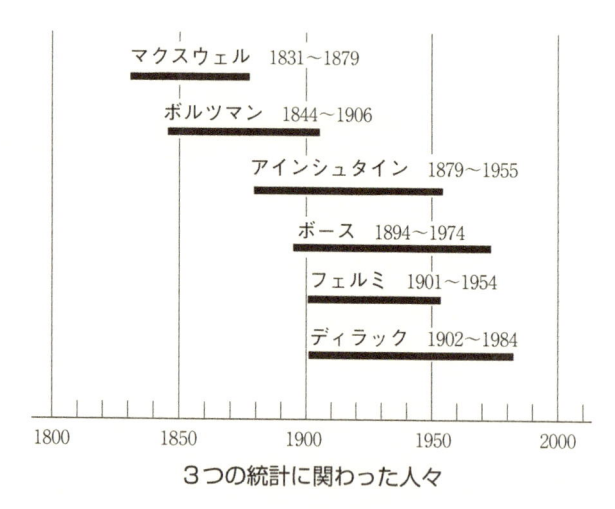

```
        マクスウェル  1831〜1879
        ボルツマン  1844〜1906
              アインシュタイン  1879〜1955
                ボース  1894〜1974
                フェルミ  1901〜1954
                 ディラック  1902〜1984
  1800    1850    1900    1950    2000
```

3つの統計に関わった人々

た科学者です。フェルミは理論と実験の両方の天才であり、ディラックは理論の天才です。2人は量子力学の構築において大きな業績を残しました。

　最後にこれ以外の新しい統計の概念を人類が将来見つけることがあるかどうかですが，

　わからない

というのが筆者の答えです。

第6章 ボルツマンの原理
──統計力学の中核へ

■エベレストの3つの断崖

ウィーン中央墓地のボルツマンの墓石
ボルツマンの原理が記されている
ⒸPPS

エベレストの頂上の直下には,ファーストステップ,セカンドステップ,サードステップという3つの絶壁があるそうです。ヒラリーとテンジンは重い酸素ボンベを抱えたまま,これらの難所を突破しました。

学問はときに山にたとえられます。熱力学と統計力学の間にも,それに近い難所があります。それは,熱力学が生んだ概念であるエントロピー S を,統計力学の場合の数 W を使って表現する「**ボルツマンの原理**」です。この関係式は

$$S = k_B \log W \qquad (6\text{-}1)$$

です。左辺のエントロピー S は元々,熱力学で定義された量であり,右辺の場合の数 W は統計力学で定義された量です。多くの教科書や参考書では,天下り的にこの式を紹介するのにとどめる場合が多いようです。しかし,眺めるのと,実際に登ってみるのは違います。本書では,最後にこのボルツマンの原理の式を導き出すという断崖に挑戦してみましょう。

【ファーストステップ】 ここでは,熱力学で重要な物理量としてヘルムホルツの自由エネルギー F に注目します。というのは,自由エネルギー F とエントロピー S の間には便利な関係があるからです。$F = E - TS$ を温度 T で微分してみましょう。ここで体積は一定であるという条件を付けることにします。すると,

$$\left(\frac{\partial F}{\partial T}\right)_{V=\text{一定}} = \frac{dE}{dT} - S - T\frac{\partial S}{\partial T} \quad (\text{次に } dE = TdS - PdV \text{ を使うと})$$

$$= T\frac{\partial S}{\partial T} - P\frac{\partial V}{\partial T} - S - T\frac{\partial S}{\partial T} \quad (\text{体積一定より第2項の } \partial V = 0)$$

$$= -S \qquad (6\text{-}2)$$

となります。なんとエントロピー S が現れました。この関係は自由エネルギー F が求まれば,それを温度 T で偏微分するとエントロピー S が求まることを示しています。なかなかたのもし

い熱力学の式です。

　熱力学で使われる物理量のうち,ここまでで統計力学による表現がわかっているのは,(5-13)式のボルツマン分布のエネルギーEです。自由エネルギーFとエネルギーEをつなぐ熱力学の式があれば,その式に(5-13)式のEを代入することによって,Fの統計力学的な表現が求まるはずです。Fの統計力学的な表現が求まれば,あとは(6-2)式の関係からそれをTで偏微分したものがエントロピーSになります。

　さて,Fの統計力学的な表現を求めるために,今度はFではなくてF/Tを温度Tで微分してみましょう。やはり,体積は一定であるという条件を付けます。すると,

$$
\begin{aligned}
\frac{\partial}{\partial T}\left(\frac{F}{T}\right)_{V=一定} &= \frac{1}{T}\left(\frac{\partial F}{\partial T}\right)_{V=一定} + F\frac{\partial}{\partial T}\left(\frac{1}{T}\right) \\
&= \frac{1}{T}\left(\frac{\partial F}{\partial T}\right)_{V=一定} - \frac{F}{T^2} \\
&= -\frac{S}{T} - \frac{F}{T^2} \quad \text{(第1項に(6-2)式を早速使った)} \\
&= -\frac{E}{T^2} \quad \text{($F=E-TS$ を使った)} \quad (6\text{-}3)
\end{aligned}
$$

となります。この最後の項にはエネルギーEと温度Tしか残らないので,このEに(5-13)式のEを代入します。すると,

$$\frac{\partial}{\partial T}\left(\frac{F}{T}\right)_{V=\text{一定}} = -\frac{E}{T^2}$$

$$= -\frac{N\sum_i E_i e^{-E_i/k_B T}}{T^2 Z} \quad (6\text{-}4)$$

となります。

この関係は，自由エネルギー F を求めるには格好の式です。左辺の F は熱力学の物理量ですが，右辺のエネルギー E は統計力学の E に置き換えられました。これでファーストステップ突破です。さあ，次に進みましょう。

【セカンドステップ】 さて，本来ならこの微分方程式を解いて自由エネルギー F を求めるべきなのですが，ここは近道をして答えをお教えしましょう。この式を満たす答えは

$$F = -k_B T N \log \sum_i e^{-E_i/k_B T}$$

$$= -k_B T N \log Z \quad (6\text{-}5)$$

です。この式は，熱力学の物理量である左辺のヘルムホルツの自由エネルギー F を，右辺の統計力学の分配関数で表す重要な関係式です。自由エネルギー F は分配関数 Z の対数に $-k_B T N$ をかけただけというすっきりした簡単な形をしています。

エベレストのセカンドステップには，1960年代に中国の登山

隊が設置した金属製のハシゴが残っています。それ以後の登山者はほとんどすべてこの「ハシゴの助け」を借りているそうです。ここで答えを知ったのはハシゴの助けだと思えばよいでしょう。

もっとも、この求め方は割愛しましたが、この答えが (6-4) 式を満たすということはきちんと検証しておきましょう。(6-5) 式の $F=-k_B TN \log Z$ を (6-4) 式の左辺の F/T に代入すると

$$\frac{\partial}{\partial T}\left(\frac{F}{T}\right) = \frac{\partial}{\partial T}(-k_B N \log Z)$$

$$= -k_B N \frac{\partial}{\partial T} \log Z$$

$$= -k_B N \frac{\partial Z}{\partial T} \frac{\partial}{\partial Z} \log Z \quad ((微5) 式より)$$

$$= -k_B N \frac{\partial Z}{\partial T} \frac{1}{Z} \quad ((微3) 式より) \qquad (6\text{-}6)$$

となります。ここで、分配関数を使って $\frac{\partial Z}{\partial T}$ を計算すると、

$$\frac{\partial Z}{\partial T} = \frac{\partial}{\partial T} \sum_i e^{-E_i/k_B T}$$

$$= \sum_i \frac{\partial}{\partial T}\left(-\frac{E_i}{k_B T}\right) \frac{\partial}{\partial (-E_i/k_B T)} e^{-E_i/k_B T} \quad ((微5) 式より)$$

$$= \frac{\sum_i E_i e^{-E_i/k_B T}}{k_B T^2} \quad ((微1) 式および (微2) 式より)$$

となります。これを (6-6) 式に代入すると、(6-4) 式と同じに

第6章 ボルツマンの原理

なることがわかります。

　これで，$F=-k_B TN \log Z$ が統計力学による自由エネルギーの表現であることが確認できました。セカンドステップ突破です。エベレスト登山者は多くの場合，この段階でかなり体力を消耗してしまっているそうです。読者のみなさんには疲れたら休むことが許されています。もし疲れたら一休みして，英気はつらつとした状態でサードステップに挑んでください。

【サードステップ】 最後に (6-5) 式を使って，エントロピーを求めましょう。自由エネルギーを温度で微分すればエントロピーになるという熱力学の関係 (6-2) 式に代入します。すると，

$$\frac{\partial F}{\partial T}=\frac{\partial}{\partial T}(-k_B TN \log Z) \quad （（微4）式を使う）$$

$$=-k_B N \log Z - T\frac{\partial}{\partial T}(k_B N \log Z) \quad （(6-5)式を使う）$$

$$=-k_B N \log Z + T\frac{\partial}{\partial T}\left(\frac{F}{T}\right)$$

となります。第2項に先ほどの (6-3) 式を使うと

$$=-k_B N \log Z - \frac{E}{T} \quad （(5-2)式を使う）$$

$$=-k_B \log Z \sum_j N_j - \frac{1}{T}\sum_j N_j E_j$$

$$=k_B \sum_j N_j \left(-\log Z - \frac{E_j}{k_B T}\right) \quad （カッコの中の第2項を対数に）$$

201

$$= k_B \sum_j N_j (-\log Z + \log e^{-E_j/k_B T})$$

$$= k_B \sum_j N_j \left(\log \frac{e^{-E_j/k_B T}}{Z} \right) \quad ((5\text{-}12)\text{式を使う})$$

$$= k_B \sum_j N_j \left(\log \frac{N_j}{N} \right)$$

$$= k_B \sum_j N_j (\log N_j - \log N)$$

$$= -k_B N \log N + k_B \sum_j N_j \log N_j \quad (スターリングの公式を適用)$$

$$= -k_B \log \frac{N!}{N_0! N_1! \cdots N_j!}$$

$$= -k_B \log W$$

となります。よって,

$$S = k_B \log W$$

が得られました。やっと3つの断崖を登り切りました。登頂成功です!!

この関係はボルツマンが導いたので,**ボルツマンの原理**と呼ばれています。苦労して断崖を登ってみると,このボルツマンの原理がしっかりと脳裏に刻まれたのではないでしょうか。断崖を眺めるのと,登るのはやはり全然違うのです。

これは「統計力学の場合の数 W」と「熱力学のエントロピー S」の間を結ぶ極めて重要な関係式です。言い換えると,エントロピーの統計力学的表現であるとも言えるでしょう。この関係から,熱力学の第2法則のうちで最もわかりにくかった「エントロ

ピー増大の法則」は,

ある系が「場合の数の多い状態」に向かって変化していく

という意味を持っていることがわかります。

机の上のエントロピー

エントロピーは場合の数を表すので, エントロピーを"乱雑さ"という言葉で表現することもあります。筆者の机の上にペンとノートを置いたとして, 図6-1の上図のように「机のヘリに平行か垂直にしか置かない」と決めたとします。このときの場合の数は限られています。それに対して図6-1の下図のように斜め45°の配置も許したとすると場合の数は大幅に増えます。つまりエントロピーは増大したことになります。さらに, 22.5°に傾けることも許すとすると, さらに場合の数は増えます。ということで机の上の物の置き方の自由度を上げるにつれてエントロピーは増大していきます。したがって, 筆者などは机の上が散らかっていることの言い訳に「エントロピー増大の法則」を使ったりします。

ただし, 机の上のエントロピーを支配しているのは熱力学ではなく, 机の管理者の心理です。筆者の机の上はだいたい常に高エントロピー状態にあるのですが, ときおり頭を冷やして, 低エントロピー状態に変えることがあります。ただ, 整理整頓が過ぎると, 筆者などはかえって気持ちが落ち着かなくなりま

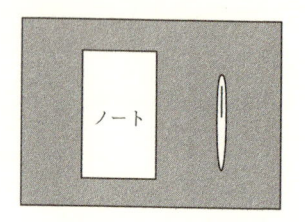

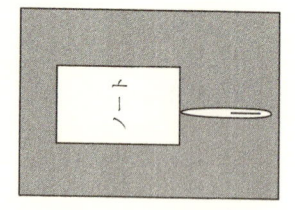

机の左にノート，右にペンを置く場合（左利きの方は逆ですが），机のヘリに平行か垂直の置き方しか許さないとすると，置き方は図の2種類を含めて4×4＝16種類です。

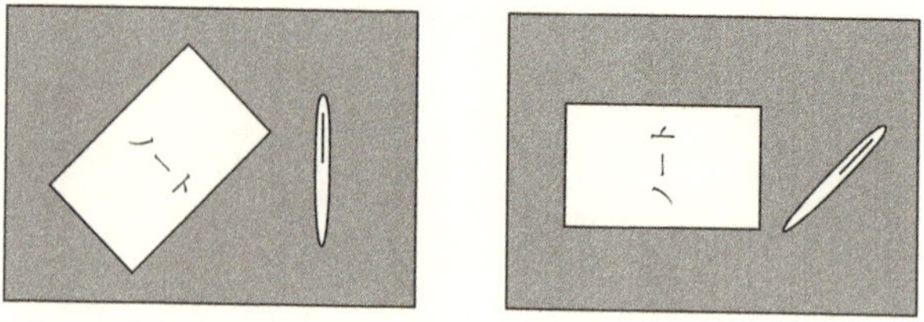

上図のように45°も可とすると，8×8＝64種類で場合の数（エントロピー）は増大します。

図6-1　机の上のエントロピー

す。どの程度の散らかり具合がみなさんの心理にとって自由エネルギー最小であるかは，その人個々によって大きく異なるでしょう。

■中心極限定理

エントロピーが「系の場合の数」を表していることがわかりま

した。系の気体分子の数が非常に多くなると，この場合の数に，

「系の場合の数」 ≅ 「存在確率の最も高い分布（安定な分布）」の場合の数

というおもしろくて重要な関係が成り立ちます。つまり，「最も存在確率の高い分布」の場合の数が「系の場合の数」のほとんどを占めるようになるのです。この関係を見てみましょう。

図 5-3 の場合では気体分子 4 個の場合を考えましたが，もっと分子が多い場合を考えましょう。ただし，話を簡単にするために，四準位系ではなくゲイリュサック・ジュールの実験のタンク A とタンク B に分かれている場合を考えましょう（図 2-5 参照）。

2 つのタンクの大きさが同じだとすると，バルブを開けた後，個々の分子が 2 つのタンクのうちのどちらかに存在する確率は 1/2 です。なので n 個の粒子が存在する場合，全体の場合の数は 2^n です。たとえば，分子が 10 個であれば，

$$2^{10} = 2 \times 2 \times 2 \times 2 \times 2 \times 2 \times 2 \times 2 \times 2 \times 2$$

で，1024 通りになります。このとき，10 個の気体分子が，タンク A だけに存在する確率は，

$$\left(\frac{1}{2}\right)^{10} = \frac{1}{1024}$$

となり，とても小さいことがわかります。つまり，いったんバルブを開けると，元のようにタンク A だけに分子が集まる確率は

とても小さくなるのです。分子数が 6.02×10^{23} 個もある 1 mol の気体分子だと，この確率はさらに極限的に小さくなります（これは，気体の拡散の不可逆性を表しています）。

全体の分子数を N としてタンクAにいる分子数を n とすると，タンクBの分子数は $N-n$ です。ここで，バルブのついたパイプ部分には分子はいないものとします。このときの場合の数は，

$$\frac{N!}{n!(N-n)!}$$

です。$N=10$ 個の場合をグラフに描くと，図6-2の上図のようになります。$n=5$ の場合（AとBに5個ずつ）が最も大きな場合の数を持っていますが，$n=2$ や3の場合もそれほど小さくはない場合の数を持っています。

この N を大きくしてみましょう。$N=30$ だと，図6-2の真ん中の図のようになります。$N=100$ だとどうなるでしょうか。図6-2の下図のようになります。この3つのグラフを眺めてみると，1つの特徴に気づきます。それは，N を大きくすると，場合の数がどんどん大きくなるとともに，分布の幅が狭くなっていくことです。各図の破線はタンクAとタンクBの分子数の比が4：6と6：4の割合となるところです。粒子数が多くなるほどこの破線の内側に入る割合が増えていって，$N=100$ ではほとんど破線の内側に集まっています。この系では，直感的に考えて，右と左に半分ずつ分子がいるのが平衡状態であることは予想がつき

第6章 ボルツマンの原理

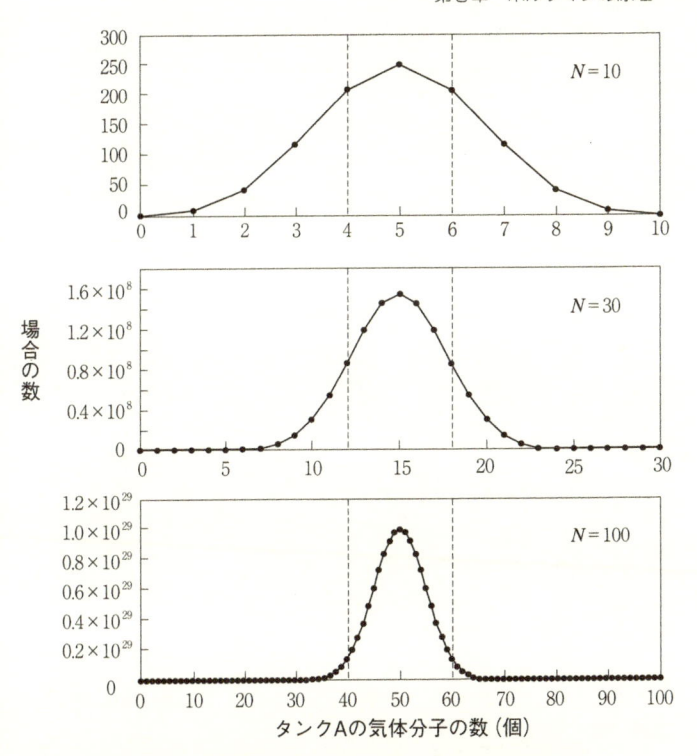

図6-2 Nを大きくしたときの場合の数の変化

ます。粒子数が増えるほど、分布はこの1/2に近づいていくのです。

$N=1000$ や 10000 の場合には、分布の幅がさらに狭くなります。$N=6.02\times10^{23}$ の場合には極限的に狭くなって、このグラフ上では、真ん中に一本の線が立っているように見えるでしょう。つまり、

| 「系の場合の数」 | ≅ | 「存在確率の最も高い分布(安定な分布)」の場合の数 |

の関係に近づいて行くのです。この N が大きくなると幅の狭いガウス型分布に近づく性質を,統計学では**中心極限定理**と呼びます。

この関係を使うと,エントロピー増大の法則は,

| 「系の場合の数」が,大きくなるように変化する | ≅ | 「存在確率の最も高い分布(安定な分布)」の場合の数が,より多くなるように変化する |

という意味を持ちます。「安定な分布の場合の数」がさらに増えるわけですから,「ますます安定な状態に変化する」のがエントロピー増大の法則の意味であることがわかります。

■ミクロカノニカル分布

本章でボルツマンの原理を導く際には,**エネルギーが一定で,かつ,まわりから孤立している系**を考えていました。このような条件の集団をミクロカノニカル集団(ミクロカノニカルアンサンブル)と呼び,その分布を**ミクロカノニカル分布**と呼びます。また,孤立系ではなくて,**外部と熱のやりとりがあって温度が一定である系**をカノニカル集団と呼び,その分布を**カノニカル分布**と呼びます。さらに,外部との熱のやりとりに加えて**粒子のやりとりがある系**は,**グランドカノニカル分布**と呼びます。アンサンブルなどというと,合唱か合奏でも始めそうに聞こえますが,フラ

ンス語の集団とか集合を表す言葉です。

カノニカルというのはあまり馴染みのない言葉ですが，その英語の名詞形の canon は，読者のみなさんがよく知っている精密機器メーカーの名前です。メーカーの Canon のもともとのロゴは，「観音様」からとった KWANON だったそうで，それを音の響きが似ていて，「正典」「規範」「標準」などの意味を持つ Canon に変えたそうです。英語の canon の語源をさらにたどると，もともとはギリシア語の「定規」を表す言葉だったようです。カノニカル分布は，日本語では**正準分布**とも訳しますが，この意味は「標準分布」とでも理解すればよいでしょう。

ミクロカノニカル分布やグランドカノニカル分布は，小正準分布や大正準分布と訳します。このミクロ（小）とか，グランド（大）とかは，それぞれの分布の適用範囲の広さを表しています。たとえば，ミクロカノニカル分布のような「孤立した系」は，自然界には普通はほとんど存在せず，通常は，外界と熱のやりとりがあり（カノニカル分布），さらに粒子のやりとりがある（グランドカノニカル分布）のが普通です。学問的には，ミクロカノニカル分布が構造的には最も簡単で，カノニカル分布，そしてグランドカノニカル分布の順に難しくなります。統計力学では，このカノニカルという言葉にとまどう方も多いと思いますが，たんに

ミクロカノニカル分布	狭い適用範囲の分布（孤立系）
カノニカル分布	標準分布（温度一定：等温）
グランドカノニカル分布	広い適用範囲の分布（等温で粒子の

やりとりあり)

を表していることがわかれば，精神的な抵抗感は少なくなるでしょう。

この3つの分布の詳細についてご関心のある方は，統計力学の専門書に進んでください。

さて，登頂の感想はいかがでしょうか。エベレストの頂に立つと，それより高いいかなる山も周りに見いだせないでしょう。しかし科学の世界では，1つの頂点に立ったとき，そこにはまた新たに魅力的な山が見えることがあります。本書を読破した方には，物理学の新しい頂を目指す力がついているはずです。その新しい山を目指すかどうかは，もちろん個々の読者の自由な判断によります。

マロリーは何故エベレストを目指すのかと聞かれてこう答えました。

"Because it is there."
そこに山があるから

付録

■ P-V 図でのエントロピー

P-V 図のある点から他のどの場所にも,等温過程と断熱過程の2つを組み合わせればたどり着くことができます。まず,この2つの過程が P-V 図でどのように振る舞うか見てみましょう。

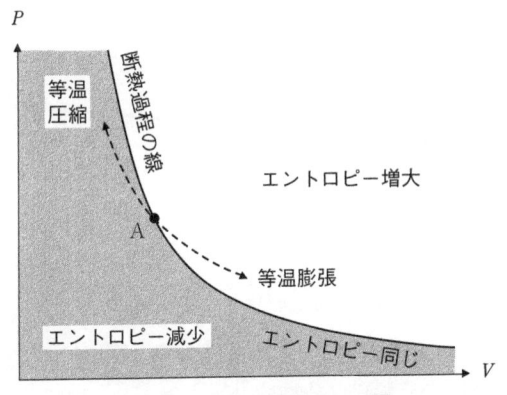

図付-1　点Aを通るP-V図

図付-1 で,まず点 A を通る断熱過程を考えると,この線上では断熱過程($dQ=0$)なのでエントロピーの変化($dS=dQ/T$)はゼロです。したがって,点 A から何かの過程によって移動するときには,この断熱過程の線がエントロピーの増大と減少を分ける線になります。

211

次にこの点Aを通る等温過程の線（図付-1の破線）を書いてみると、カルノーサイクルのところで見たように、等温膨張では熱が供給されるのでエントロピーは増大し、等温圧縮では熱が排出されるのでエントロピーは減少しました。したがって、断熱過程の線より右側ではエントロピー増大で、左側ではエントロピー減少になります。また、点Aから右に離れるほどエントロピーは増大し、左に離れるほどエントロピーは減少します。この関係を頭に入れておきましょう。

■クラウジウスの不等式

エントロピー増大の法則は、「不可逆な断熱過程でエントロピーが増大する」というものです。このときP-V図でどのように移動するか考えてみましょう。ここでは、不可逆な断熱膨張過程を考えることにしましょう。

考察の手がかりとして、まず可逆な断熱膨張過程を考えます。可逆な断熱膨張過程では、点Aを通る断熱過程の線上を右下方向に動きます（膨張なのでVが大きくなる方向に動く）。一方、不可逆な断熱膨張過程が起こると、エントロピーが増大するので、この断熱過程の線より右側の点にたどり着きます。この点を図付-2のようにCとします。

点Aから点Cへの不可逆過程の経路は、可逆過程の変化を表すP-V図上に書いても意味がありません。そこで、経路は書かずに、点Aから点Cへ移動したことを破線で示しておきます。

この不可逆過程のdQ/TをAからCまで積分すると、もとも

付録

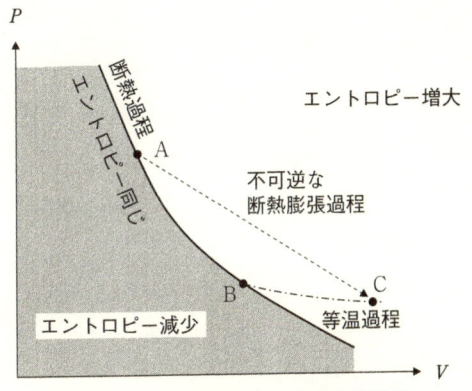

図付-2 等温過程上の点Cを考える

と断熱変化（$dQ=0$）なので，その積分も次式のようにゼロになります。

$$\int_A^c \frac{dQ}{T}=0 \qquad \text{（付-1）}$$
不可逆

エントロピーを，$dS=dQ/T$ と書けるのは可逆過程のときだけです（と定義されています）。したがって，（付-1）式はエントロピーを表しているわけではありません。

一方，この不可逆過程では，エントロピー増大の法則により，

$$S(\mathrm{C}) > S(\mathrm{A})$$

が成り立っています。

この間のエントロピーの変化（$=S(\mathrm{C})-S(\mathrm{A})$）を計算するに

は，可逆過程のルートをたどる必要があります。

そこでこれを計算するために，点Cを通る等温過程の線を引き，その線が点Aを通る断熱過程の線と交わる点をBとします。この点Bを使えば，可逆過程の積分経路として，C→B→Aのルートを考えればよいことになります。点AでのエントロピーS(A)と点CでのエントロピーS(C)の差は，CからAまでdQ/Tを積分すれば求められます。式で書くと，

$$S(\mathrm{A}) - S(\mathrm{C}) = \int_\mathrm{C}^\mathrm{A} \frac{dQ}{T} = \int_\mathrm{C}^\mathrm{B} \frac{dQ}{T} + \int_\mathrm{B}^\mathrm{A} \frac{dQ}{T}$$

という関係です。よって，先ほどのエントロピー増大の法則と組み合わせると

$$\int_{\mathrm{C}\text{可逆}}^\mathrm{A} \frac{dQ}{T} = S(\mathrm{A}) - S(\mathrm{C}) < 0 \qquad (\text{付-2})$$

となります。

以上のことを念頭に置いて，A→Cを破線の不可逆過程，C→Aを一点鎖線（-・-・-・-）と実線の可逆過程で戻る1サイクルを考えてみましょう。この1サイクルでdQ/Tの閉積分をとるとおもしろい不等式が成り立ちます。これは先ほどの（付-1）式と（付-2）式の和です。

$$\int_A^C \frac{dQ}{T} + \int_C^A \frac{dQ}{T} < 0$$
　　不可逆　　　可逆

まとめて書くと,

$$\oint \frac{dQ}{T} < 0 \quad \text{不可逆過程が入る場合} \qquad (付\text{-}3)$$

となります。

　このように1サイクルの間に不可逆過程が入るとdQ/Tの積分が負になります。これは重要な関係で，**クラウジウスの不等式**と呼びます。このクラウジウスの不等式は，ここで見たように，エントロピー増大の法則に対応しています。

あとがき

　熱力学と統計力学の世界はいかがだったでしょうか。こうして読破してみると，熱力学の世界は実に私たちの日常生活の身近なところで広がっていることに気づかれたことでしょう。

　筆者はこれまでに，『高校数学でわかるマクスウェル方程式』，『高校数学でわかるシュレディンガー方程式』，『高校数学でわかる半導体の原理』の3冊のブルーバックスを上梓しました。これらの前著と同じく，本書も，講談社の梓沢修氏の多大なご助力を得ました。筆者が本書を執筆した契機は，梓沢氏の示唆によるものです。

　本書で触れた統計力学は，気体の分子の集団のような多数の集まりを考える学問です。そこには，1つの分子に現れる様相とは異なる世界があります。

　1977年にノーベル賞を受賞した理論物理学者アンダーソンは，

$$\textit{More is different.}$$

という有名な言葉を残しています。これは，量が増えると，集団として新たな性質が加わることを表した言葉で，「量の変化が質的変化を伴う」ことを表しています。

　統計力学は，More is different が現れる数々の現象を理解す

あとがき

る学問です。この分野は、一般の人々が「科学万能」と誤解しがちな現代科学の領域において、科学がまだまだ力の及ばない領域でもあります。気体だけでなく固体や液体の様々な分野で、未解決の問題が多数残っています。逆に言うと、統計力学が格闘している分野では、これからまだまだ発展が続くと言ってもいいでしょう。

さて、More is different の対象を自然科学の他にも拡大して、知識の量について考えてみましょう。たとえば、英語の勉強において、英単語を 500 語知っているのと、5000 語知っているのでは単に単語の数に差があるだけでなく、英語の理解力にかなりの質的な違いが生まれるでしょう。500 語ではカタコトの会話しかできませんが、5000 語では伝えられる情報が飛躍的に増大します。同じように、学問においても知識の量が増えることは、学問の理解に質的な変化をもたらすでしょう。

本書によって読者のみなさんは、「熱力学」と「統計力学の基礎」について多くの重要な知識を身につけました。きっと、質的に異なる新しい世界が見えていることでしょう。

参考文献・参考資料

『統計力学』中村　伝著　岩波書店
『熱・統計力学入門』阿部龍蔵著　サイエンス社
『熱・統計力学』戸田盛和著　岩波書店
『マイペディア』　日立デジタル平凡社
"Early Balloon Flight in Europe", U. S. Centennial of Flight Commission (http://www.centennialofflight.gov/)
岡本正志「ジュールによる熱の仕事当量の測定実験」 *Netsu Sokutei* **29** (5) pp.199-207 (2002)

さくいん

【アルファベット】

mol 比熱	70
P-V 図	66, 77, 85, 211

【あ行】

アインシュタイン	145
アボガドロ	27
アボガドロ定数	25
アボガドロの法則	27
宇宙の熱的死	130
運動エネルギー	21, 60, 63
エアコン	101
永久機関	112
液体窒素	30
エネルギー準位	181
エネルギー等分配の法則	134, 140
エネルギーの変換	58
エネルギー保存の法則	62, 64
エントロピー	107, 123, 197, 202, 211
エントロピー増大の法則	108, 119, 202, 213
大きな環境系	122
温度	141

【か行】

回転エネルギー	67
ガウシアン分布	180
ガウス型分布	180
化学ポテンシャル	121, 187
可逆	212
可逆過程	88, 99, 108
拡散（気体の）	206
ガスタービン	97
ガソリンエンジン	95
カノニカル分布	208
カルノー	75
カルノーサイクル	76, 85, 100
カルノーサイクルの効率	92
乾燥断熱減率	85
気圧	142
奇跡の年	146
気体定数	26, 75
気体の状態方程式	26
気体分子運動論	20, 132
ギブズ	116
極座標	178
金属疲労	48
クラウジウス	105
クラウジウスの不等式	215
グランドカノニカル分布	208
系の場合の数	204, 208
ゲイリュサック	17, 67

ゲイリュサック・ジュールの実験	68, 205
ゲーリケ	43
ケルビン	62
ケルビン（単位）	16
原子の振動	60
原子番号	25
原子量	25
高温の熱源	86
光電効果の理論	145
コジェネレーション	98
固体の比熱	144
固体物理学	189
コメット	48
コンバインドサイクル発電	96, 98

【さ行】

ジェットエンジン	97
仕事	60, 63
四準位系	205
指数	147
湿潤断熱減率	85
シャルル	13
シャルルの法則	16, 20
自由エネルギー（ギブズの）	115, 122, 127
自由エネルギー（ヘルムホルツの）	115, 126, 197
自由エネルギー最小の原理	128
自由度	140, 143
自由膨張	67

重力	185
ジュール	59, 62
ジュールの実験	62
ジュールの法則	59
蒸気機関	52, 57
蒸気タービン	97
状態	159, 174
状態の数	159, 173
状態方程式	83
状態密度	175
正味の仕事	88
振動エネルギー	67
水素気球	14, 31, 33, 49
スターリングの公式	150, 166
正準分布	209
絶対零度	16
全微分	102

【た行】

ダイオード	121
対数	149
タービン	97
単原子分子理想気体	27, 81
断熱圧縮過程	87
断熱過程	77, 78, 85, 107, 211
断熱系	130
断熱材	86
断熱的	78
断熱変化	81
断熱膨張	82
断熱膨張過程	83, 87, 212

中心極限定理	208	熱機関	58
超流動現象	192	熱気球	13, 31, 34
使えるエネルギー	115	熱効率	92
強い力	185	熱素	59, 76
定圧比熱	71, 75, 143	熱伝導	110
低温の熱浴	86	熱の不可逆性	112
定積比熱	71, 75, 90, 143	熱力学	154
ディーゼルエンジン	96	熱力学の第1法則	64
ディラック	184	熱力学の第2法則	99, 110
電気エネルギー	62, 63	熱力学の番外法則	113
電磁力	185	熱量	63
等温圧縮過程	87, 105, 108		
等温過程	77, 85, 211		
等温膨張過程	86, 89, 105, 107		

【は行】

等確率の原理	164	場合の数	161, 196, 202, 203
統計力学	154	パウリの排他原理	187
特殊相対性理論	145	パスカル	35
トムソン	62	パスカル（単位）	43
トランジスタ	121, 185	反転分布	183
		半導体工学	189
		光ファイバー	185

【な行】

		飛行船	34
内部エネルギー	63, 66, 69, 71, 73, 86, 115, 172	ヒートアイランド現象	102
		ヒートポンプ	100
二原子分子理想気体	27, 82	比熱	70
二準位系	181	火の動力についての考察	76
ニューコメン	52	標準分布	209
ニューコメン機関	52, 58	ヒンデンブルグ号	34
ニュートン力学	181	フェルミ	184
熱	60	フェルミエネルギー	121, 187, 189, 191
熱エネルギー	60, 63	フェルミオン	184
熱過程	77	フェルミ・ディラック統計	184

221

フェルミ・ディラック分布	181, 187, 188
フェルミ粒子	184, 186
負温度	183
不可逆	212
不可逆過程	99, 111
不可逆性	206
複合サイクル発電	96
復水器	56
ブラウン運動	145
分配関数	172, 200
平均のスピード	141
平衡状態	117
ヘクトパスカル	46
ペラン	147
ベルヌーイ	19, 132
ヘルムホルツ	113
偏微分	74
ボイル	22
ボイル・シャルルの法則	25
ボイルの法則	23, 77
ボース	184
ボース・アインシュタイン凝縮	192
ボース・アインシュタイン統計	184
ボース・アインシュタイン分布	188
ボース粒子	184, 186
ボソン	184
ボルツマン	20, 132
ボルツマン定数	140
ボルツマンの原理	196, 202

【ま行】

マイナス温度	183
マクスウェル	20, 132
マクスウェルの速度分布則	180
マクスウェル・ボルツマン分布	156, 170, 181
マグデブルグの半球	43
摩擦	99
マッハ	20
ミクロカノニカル分布	208
未定乗数	169
ミリバール	46
モル	26
モンゴルフィエ	12

【や行】

誘導放出	183
弱い力	185

【ら行】

ラグランジュの未定乗数法	169
ラジオゾンデ	49
ランフォード	58
理想気体	27, 63, 75

【わ行】

ワット	55
ワットの蒸気機関	57, 58

N.D.C.421.4　222p　18cm

ブルーバックス　B-1620

高校数学でわかるボルツマンの原理
熱力学と統計力学を理解しよう

2008年11月20日　第 1 刷発行
2025年 6 月17日　第14刷発行

著者	竹内　淳
発行者	篠木和久
発行所	株式会社講談社
	〒112-8001 東京都文京区音羽2-12-21
電話	出版　03-5395-3524
	販売　03-5395-5817
	業務　03-5395-3615
印刷所	(本文表紙印刷) 株式会社KPSプロダクツ
	(カバー印刷) 信毎書籍印刷株式会社
本文データ制作	講談社デジタル製作
製本所	株式会社KPSプロダクツ

定価はカバーに表示してあります。
©竹内　淳　2008, Printed in Japan
落丁本・乱丁本は購入書店名を明記のうえ、小社業務宛にお送りください。送料小社負担にてお取替えします。なお、この本についてのお問い合わせは、ブルーバックス宛にお願いいたします。
本書のコピー、スキャン、デジタル化等の無断複製は著作権法上での例外を除き禁じられています。本書を代行業者等の第三者に依頼してスキャンやデジタル化することはたとえ個人や家庭内の利用でも著作権法違反です。

ISBN978-4-06-257620-8

発刊のことば

科学をあなたのポケットに

　二十世紀最大の特色は、それが科学時代であるということです。科学は日に日に進歩を続け、止まるところを知りません。ひと昔前の夢物語もどんどん現実化しており、今やわれわれの生活のすべてが、科学によってゆり動かされているといっても過言ではないでしょう。

　そのような背景を考えれば、学者や学生はもちろん、産業人も、セールスマンも、ジャーナリストも、家庭の主婦も、みんなが科学を知らなければ、時代の流れに逆らうことになるでしょう。

　ブルーバックス発刊の意義と必然性はそこにあります。このシリーズは、読む人に科学的に物を考える習慣と、科学的に物を見る目を養っていただくことを最大の目標にしています。そのためには、単に原理や法則の解説に終始するのではなくて、政治や経済など、社会科学や人文科学にも関連させて、広い視野から問題を追究していきます。科学はむずかしいという先入観を改める表現と構成、それも類書にないブルーバックスの特色であると信じます。

一九六三年九月

野間省一